KB276062

마트채소 100% 활용법

마트채소 100% 활용법

초판 1쇄 발행 2016년 4월 11일

지은이 홍성란
펴낸이 김운태
펴낸곳 도서출판 미래지향

편집인 박석
경영총괄 박정윤
디자인 스탠리
마케팅 김순태, 윤진
의학자문 장동민
어시스트 조은별, 노진주, 김영서
스타일링 김희은
포토 방문수 (DOT스튜디오, bms00@hanmail.net)
인쇄 미래피앤피

출판등록 2011년 11월 18일
출판사신고번호 제2013-000129호
주소 서울시 마포구 마포대로 53 마포트라팰리스 B동 1603호
이메일 kimwt@miraejihyang.com | **홈페이지** www.miraejihyang.com
전화 02-780-4842 | **팩스** 02-707-2475

책값은 뒤표지에 있습니다. | 잘못된 책은 바꿔드립니다.
ISBN : 979-11-85851-03-7 (13590)

· 이 도서의 국립중앙도서관 출판예정도서목록(CIP)은 서지정보유통지원시스템 홈페이지(http://seoji.nl.go.kr)와 국가자료공동목록시스템(http://www.nl.go.kr/kolisnet)에서 이용하실 수 있습니다. (CIP제어번호 : CIP2016007586)

채소 소믈리에
홍성란의 건강레시피

마트채소 100% 활용법

홍성란 지음

채소의 종류는 정말 많습니다. 이 글을 쓰고 있는 지금도 어디선가 새로운 영양 가득한 채소품종이 탄생하고 있을지도 모릅니다. 하지만 우리 대부분은 장을 보러 마트에 가면 새로운 채소를 눈앞에 두고도 양파, 대파, 마늘, 당근, 호박 등 뻔하고 익숙한 채소들만을 골라 담아 요리에 사용합니다.

특이하게 생기거나 생소한 이름의 채소는 일단 뭔가 낯설게 느껴집니다. 생소하여서 먹어도 괜찮은 건지 괜히 겁이 납니다. 요리에 어떻게 사용할지, 무슨 맛이 나는지는 더욱 알 수 없습니다. 그래서 선뜻 구매하지 못하고 낯익은 양파와 당근에 또다시 손이 가는 분들이 많습니다. 영양도 풍부하고, 식감과 맛도 새로운 많은 채소들이 나오고 있지만, 낯설다 보니 겁부터 나고 새로운 채소를 고르는 일이 용기를 내야 하는 모험처럼 느껴지기 때문입니다.

이렇듯 마트에 새롭게 진열된 많은 채소들이 낯설고 부담스러운 분들을 위해 "마트채소 100% 활용법"은 기획되었습니다. 마트에서 판매되어 쉽게 볼 수 있지만 아직은 낯선 채소들을 묶어 소개했습니다. 단순히 백과사전식 정보 전달 형식에 머무르지 않고 각각의 채소를 맛있게 먹을 수 있는 조리법, 보관법, 관리법, 요리 시의 TIP 등 장을 보고 요리를 할 때 도움이 될 수 있는 실용적 노하우를 알차게 담았습니다. 낯선 채소 이름의 유래부터 언제 먹어야 제일 맛있게 먹을 수 있는지, 영양학적 효능은 무엇이고 부작용은 어떤 것이 있는지도 장동민 한의사님의 의학자문을 받아 꼼꼼히 정리했습니다.

채소를 항상 요리의 주인공이 아닌 국물을 내거나 양념을 만드는 보조 아이템으로만 생각하시는 분들이 많은데 조금만 생각을 바꾸면 채소를 중심으로 한 많은 요리를 간단하고 재밌게 만들어 드실 수 있습니다. 이 책에는 채소가 주인공인 저의 창작 레시피도 수록되어 있습니다.

어떤 음식재료보다 채소를 사랑하는 저는 채소소믈리에로서 채소를 주제로 계속 공부 중입니다. 음식점에서 쌈채소가 나오면 접시 안에 담긴 채소의 이름들을 하나씩 불러보면서, 많은 분들이 이름만큼이나 다양한 개별 채소의 효능을 제대로 알고 먹으면 얼마나 좋을까 하는 생각을 자주 했습니다. 채소가 건강에 좋다는 건 모두가 아는 상식입니다. 채소를 제대로 알고 자신의 건강 상태를 고려해 효과적으로 섭취한다면 여러분의 건강에 보탬이 될 것입니다. 이 책을 통해서 채소를 제대로 활용하는 법을 습득하고 다양한 요리를 만들어 드시는 기회를 갖게 되길 진심으로 바랍니다. 자신과 가족의 건강을 위한 채소 활용법으로 더욱 건강하고 아름다워지세요.

쌈채소 제대로 알고 먹기

쌈채소엔 제 각각의 다른 이름과 풍부한 영양소가 들어 있다!

주목받지 못했던 채소와 함께
자연 밥상을 꿈꾸다!

슈퍼푸드,
제대로 알면 건강이 보인다!

Chapter VI

익숙한 채소류 다시 보기

**익숙한 채소,
제대로 알면 새롭게 보인다!**

Chapter I

쌈채소 제대로 알고 먹기

쌈채소엔 제 각각의 다른 이름과 풍부한 영양소가 들어 있다!

삼겹살을 구워 먹을 때 없어서는 안 될 쌈채소.
상추와 깻잎 정도만 먹던 시절이 있었는데 이제
고깃집 테이블에 놓인 쌈채소는 그 종류도 다
양합니다. 쌈채소란 명명 때문에 고기에 싸서
먹지않으면 이상하지만 향긋한 향기와 아삭아
삭한 식감, 푸릇한 색감의 쌈채소는 고기 없이
먹어도 충분히 우리의 '오감'을 살려줍니다. 종
류만큼 맛도 영양도 다양한 쌈채소. 지금부터라
도 그 특징과 효능을 알고 먹는 것은 어떨까요?

방풍나물

3~5월 | 100g · 32kcal

방풍은 바닷가 모래사장에서 자생하는 약용식물로 갯방풍, 갯기름나물로도 불린다. 오장을 좋게 하고 황사나 미세먼지 등의 대기오염 물질의 체내 흡수를 막아주는 효과가 있어 해독 초로 알려졌다.

주요효능 경락의 순환을 촉진하고 습기를 없애고 풍(風)을 제거하며 통증을 줄인다.
중풍예방 / 통증완화 / 우울증개선 / 호흡기질환개선 / 면역력강화 / 염증완화
(부작용) 진액이 부족한 감기나 통증에는 적합하지 않다.

싱싱 채소 구별법 잎이 마르지 않고 색이 선명하며 뿌리가 희고 짧은 것.

올바른 세척법 억센 줄기를 먼저 다듬은 후에 흐르는 물에 씻어 준다.

똑똑한 보관법 구매 후 3일 이내에 먹을 땐 물에 씻지 않은 채, 종이행주에 감싸서 위생봉투에 넣어 냉장보관 해준다. 오래 두고 먹을 땐 끓는 물에 넣고 1분간 데친 후 찬물로 헹궈 물기를 꼭 짜서 주먹만 한 크기로 나누어 위생봉투에 담아 냉동보관 해 준다. 냉동보관 상태에서 조리하면 해동한 후 따로 익히거나 하지 말고 요리에 바로 사용한다.

무엇이든 물어보세요

Q '방풍'이란 이름에 어떤 의미가 있나요?

A 풍을 막아준다 하여 붙여진 이름으로, 풍병에 탁월한 효능을 갖고 있어서 중풍, 뇌졸중 예방에 좋은 채소입니다.

Q '방풍'이 최근 들어 급작스럽게 많이 알려진 이유가 있나요?

A TV 의학정보프로그램을 통해 자주 효능이 소개되면서, 주부들의 관심을 끌게 되었는데요, 특히 날이 갈수록 황사나 미세먼지로 말미암은 대기오염이 심해지면서 이에 따른 건강 관리를 위해 방풍나물을 많이 찾게 되었습니다.

Q 방풍의 쓴 뒷맛을 싫어하는데 이를 해결하는 방법은 없나요?

A 한번 살짝 데친 후 사용한 물을 버리고 다시 새로 물을 끓여 두 번 데쳐주시고, 데친 후에 찬물에 담가두었다가 헹궈 주세요. 나물로 무칠 때, 먼저 설탕이나 조청, 매실청, 꿀, 올리고당 등과 같은 단맛을 먼저 방풍과 버무린 후에 양념과 무쳐주시면 쓴맛을 없앨 수 있습니다.

방풍나물 자체의 진한 향이 꺼려지시면 된장이나 고추장 또는 간 깨를 잔뜩 넣어 향을 보완할 수 있어요. 방풍나물 특유의 쌉쌀한 맛이 누린내도 가려주고 느끼함을 해결해주며 서로 부족한 영양소도 보완하기 때문에 오리고기나 돼지고기 등 육류와 궁합이 좋아요. 잎 자체가 억세서 충분히 데치거나 끓여서 드시면 부드럽게 드실 수 있어요.

| 방풍나물 된장볶음 |

방풍을 아직은 생소해하시는 분들도 많이 계실 텐데요, 요새는 마트에서 흔하게 만날 수 있습니다. 잎이 거칠고 질겨서 삶거나 볶거나 찌개에 넣어 먹는 요리법이 잘 어울리는데요, 방풍나물 된장볶음은 따로 끓는 물에 삶지 않고 팬 하나로 뚝딱 완성할 수 있는 초 간단 건강식 반찬이에요.

특유의 향이 있기 때문에 된장과 함께 볶으면 된장이 풋내와 특유의 향도 잡아주기 때문에 더욱 고소하고 감칠맛 나게 요리해서 드실 수 있어요. 콩을 이용한 대표적인 장수음식인 된장은 비린내 제거에도 탁월한 효과가 있답니다.

재료 & 만드는 방법

방풍	한줌	홍고추	1개
들기름	1큰술	깨	약간

된장 양념) 된장 1큰술 / 맛술 1큰술 / 다진마늘 1작은술 / 물 2큰술

❶ 방풍을 깨끗이 씻어 손질해 주고 홍고추는 송송 썰어 준다.

　(억센 줄기는 제거해주세요)

❷ 팬에 적정 분량의 된장 양념을 넣어 센 불로 끓여준다.

❸ 양념이 끓기 시작하면 바로 방풍, 홍고추를 넣어 보통 불로 2분간 볶아준다.

❹ 들기름, 깨를 넣어 마무리한다.

FoodRan's Tip

나물류를 볶을 때는 숨이 푹 죽지 않도록 재빠르게 볶아 주세요

겨자잎

3~5월 | 100g·30kcal

겨자잎은 특유의 매콤한 맛을 내는 시니그린이라는 성분이 있고 베타카로틴을 비롯한 항산화 파이토케미칼이 다량 함유되어 있다. 속이 자주 쓰린 분들은 과잉섭취를 피하는 것이 좋다.

주요효능 따뜻한 성질이 있어 기혈순환을 촉진하고 어혈로 말미암은 통증, 가슴앓이나 요통을 치료해준다.
식욕증진 / 항암효과 / 면역력향상 / 나트륨배출 / 살균작용 / 신진대사원활
(부작용) 몸에 열이 많거나 출혈이 있을 때는 피하는 것이 좋다.

싱싱 채소 구별법 가장자리의 굽실거리는 부분이 시들지 않고 탄력이 있어 힘이 있는 것. 잎 전체가 진한 초록색을 띠고 색이 선명한 것.

올바른 세척법 억센 끝 부분의 줄기는 다듬어 흐르는 물에 수차례 씻어 준다.

똑똑한 보관법 잎 사이사이에 종이행주를 여러 겹으로 겹쳐 지퍼팩이나 위생봉투에 넣어 냉장보관 한다.

 # 무엇이든 물어보세요

Q 겨자와 겨자잎은 서로 어떤 관계가 있는 건가요? 일반 잎채소와 다른 겨자잎의 특징은 무엇인가요?

A 많은 분이 즐겨 드시는 향신료인 겨자씨의 잎이 겨자잎입니다. 겨자잎은 톡 쏘는 매운맛을 가지고 있습니다.

Q 겨자잎(적겨자잎)이 노랗게 변했는데 먹어도 되나요?

A 잎채소는 짓물러 쉰내가 날 정도로 시든 게 아니라면 살짝 노랗게 변한 정도는 드셔도 괜찮습니다. 노랗게 변한 부분만 살짝 다듬어 섭취하세요.

Q 겨자잎이 다이어트에 도움이 되나요?

A 겨자잎은 신진대사를 원활하게 해주고 지방 연소를 도와 다이어트에 도움을 준다고 합니다. 또한, 식이섬유가 풍부해 배변 활동에 좋습니다.

Q 겨자는 많은 먹으면 안 좋다고 하는데 겨자잎도 많이 먹으면 그런가요?

A 몸에 열이 올라 밤에 잠을 못 이룰 수 있고 설사를 유발하는 때도 있지만, 어느 정도는 소변으로 배출되기 때문에 많이 먹어도 크게 부작용이 나타나지는 않습니다.

겨자잎은 제가 좋아하는 잎채소 중의 하나인데요, 코를 찌르는 알싸한 향이 참 매력적이죠. 돼지고기와 함께하면 느끼함을 없애주고 생선회 종류와 함께하면 비린 맛을 잡아줍니다. 육류와 생선과 함께 먹으면 균형 있는 영양섭취를 가능케 합니다. 가열하면 특유의 맛과 향이 많이 사라지니 되도록 생으로 섭취하는 것을 권해드립니다.

| 유자청 겨자잎 무침 |

겨자잎은 색깔에 따라 청겨자잎, 적겨자잎으로 나뉘는데 기호에 맞게 요리하시면 될 거 같아요. 이름처럼 톡 쏘는 겨자 향이 진한 잎채소인데요, 새콤달콤 향긋한 유자청 소스와 함께하면 알싸한 매운 향도 중화되고 신선하고 상큼한 무침요리를 즐길 수 있어요. 무침으로 명명했지만, 겨자잎을 활용한 샐러드요리라 생각하셔도 될 거 같아요. 꼭 겨자잎을 빨간 양념에 버무린다고만 생각하지 마세요!

재료&
만드는 방법

겨자잎	5장	미니파프리카	2개

유자청소스) 유자청 1큰술 / 식초 1큰술 / 다진마늘 1/2작은술

❶ 겨자잎을 손으로 먹기 좋게 찢어 주고 잔 품종 파프리카를 송송 썰어 준다.
❷ 분량의 유자청 소스와 조물조물 무쳐 준다.

FoodRan's Tip
잎채소는 칼이 아닌 손으로 찢어야 영양소 파괴도 막고 먹는 느낌을 살릴 수 있어요

근대

5~9월 | 100g · 16kcal

마트에서 흔하게 볼 수 있는 잎채소로 겨울과 봄에 된장국에 주로 사용되고 있다. 베타카로틴이 풍부하고 몸속의 지방이 쌓이는 것을 방지해 주며 칼륨, 비타민, 아미노산, 철분이 많이 함유되어 있어 성장기 아이들에게 굉장히 좋은 채소이다. 붉은색을 띠는 적근대도 있다.

주요효능　머리를 맑게 하고 두통을 치료하며 위장을 보호한다.
나트륨배출 / 성장발육촉진 / 빈혈예방 / 혈액순환 / 내분비조절 / 심혈관질환예방
(부작용) 위장이 차가운 사람은 과잉섭취를 피하는 게 좋다.

싱싱 채소 구별법　줄기가 도톰하고 억세지 않으며 너무 길게 뻗어 나오지 않은 것. 잎이 넓고 상한 곳이 없이 색감이 고르고 광택이 있는 것.

올바른 세척법　흐르는 물에 줄기까지 수차례 흔들어 가며 씻어 준다.

똑똑한 보관법　종이행주를 한 장씩 사이에 겹쳐 밀폐용기에 담아 냉장 보관한다.

 무엇이든 물어보세요

Q 근대는 잎이 여려서 쌈밥 재료로 쓰기가 쉽지 않은데 해결 방법이 없을까요?

A 끓는 물에 근대를 바로 넣으면 숨이 빨리 죽어버리기 때문에 찜통 위에 잎 모양 그대로 온전하게 쪄야 하는데 남은 열기에 의해 익는 것을 고려하여 절대 오래 가열하면 안 됩니다. 한 김 쐬주는 느낌으로 살짝 찐 후 불을 끄고 남은 열기로 익혀 주어야 잎이 찢어지지 않고 모양을 살릴 수 있습니다.

Q 근대와 적근대는 영양성분이 다른가요? 활용에도 차이가 있나요?

A 적근대는 붉은 색깔의 성분인 베타카로틴이 일반 근대보다 더욱 풍부해 지방축적을 방지하는 효능이 강해 다이어트에 더 도움이 된다고 알려졌습니다. 또한, 붉은 색감 때문에 샐러드랑 쌈 채소로 많이 활용되고 일반 근대는 국이나 무침에 주로 활용됩니다.

Q 국을 끓일 때 근대를 활용하면 좋은가요?

A 근대는 된장국에 많이 활용되고 있습니다. 구수한 맛을 살려주고 시원한 맛을 더해 줍니다. 일반 잎채소보다 줄기가 단단하고 생명력이 강해 오래 가열해서 먹어도 영양성분이 잘 유지되며 체내 흡수율을 높일 수 있습니다.

Q 근대 뿌리도 먹는 건가요?

A 근대 뿌리는 혈압을 낮춰주는 효능이 있어 약용으로 먹습니다. 생으로 먹기에는 식감이 부담되어 보통은 주스로 갈아서 만들어 마시는 걸 권합니다.

근대는 생으로도, 익혀서도 먹기에도 좋은 잎채소예요. 쌈을 싸서 먹는 것도 좋지만 가볍게 쪄서 주먹밥이나 쌈밥으로 응용하면 더 부드럽게 섭취할 수 있습니다. 특히 등 푸른 생선을 활용한 쌈밥을 만들어 먹으면 오메가3도 함께 섭취할 수 있어 영양 궁합이 좋아요.

| 근대 연어 쌈밥 |

청근대 뿐만 아니라 적근대도 시중에 많이 판매되고 있는데요, 잎이 넓어 쌈밥활용에 좋습니다. 쌈은 복을 싸먹는다는 말도 있듯이 좋은 기운을 받는 음식이에요, 근대에 부족한 단백질은 연어가 보완해주고 연어의 비릿한 향은 근대가 중화시켜주며 염분을 배출해 주기도 합니다. 한 끼 식사로도 손색이 없고 도시락 메뉴로도 좋아요. 건강식, 저열량의 쌈밥으로 종종 즐겨 드셔 보세요.

**재료&
만드는 방법**

근대	6장	생연어	100g
밥	1공기	무순	약간

밥양념) 식초 2큰술 / 설탕 1큰술 / 소금 약간

양파소스) 다진 양파 3큰술 / 설탕 1큰술 / 홀스래디쉬, 레몬즙, 케이프 1작은술

❶ 근대를 김이 오른 찜통에 펼쳐 얹은 후 1분간 쪄 준다.

　(물에 넣어 삶으면 모양유지도 안 되고 영양소도 파괴되기 쉬워요)

❷ 밥과 분량의 밥 양념을 골고루 버무려 준다.

　(밥이 따뜻할 때 양념과 버무려야 골고루 잘 섞이고 설탕이 잘 녹아 스며들어요)

❸ 연어는 한입 크기로 썰어 주고 분량의 양파소스는 모두 다져 섞어 준다.

❹ 밥을 한입 크기로 잡은 후 찐 근대와 연어, 무순, 양파소스를 얹어 말아 준다.

FoodRan's Tip
찐 근대는 찬물에 헹구지 않고 자연스럽게 식혀 주세요!

로즈

11~3월 | 100g·18kcal

장미를 연상케 하는 이름처럼 퍼플과 화이트의 색감이 어우러져 있는 잎채소. 비타민과 미네랄, 칼슘, 철분이 풍부하다. 꽃양배추라고도 불리며 케일의 일종이다.

주요효능 피부염증을 가라앉히고 체내의 열을 식히며 노폐물 제거.
항암작용 / 조혈작용 / 피부미용 / 간질환예방 / 위궤양개선
(부작용) 위장이 차가운 사람은 피하는 것이 좋다.

싱싱 채소 구별법 잎이 빳빳하고 튼튼하며 색이 매끄럽게 퍼져 있는 것.

올바른 세척법 흐르는 물에 한 장 한 장씩 뒷면도 꼼꼼히 씻어 준다.

똑똑한 보관법 종이행주에 물을 살짝 묻혀 로즈와 종이행주를 한 장씩 겹친 후 위생봉투에 넣어 냉장 보관한다.

 무엇이든 물어보세요

Q 왜 꽃 이름인 '로즈'로 불리게 된 건가요?

A 케일 종류인 로즈(로즈케일)는 꽃양배추라고도 하고 '엽목단'이라는 사전명칭을 갖고 있습니다. 잎이 곱슬곱슬한 모양으로 장미꽃처럼 핀 것 같아서 로즈라고 불렸답니다.

Q 로즈는 케일의 일종이라는데 일반 케일과는 어떤 차이가 있나요?

A 일반 케일과 다르게 잎이 곱슬곱슬하고 색깔이 퍼플과 화이트로 보통 샐러드 채소로 많이 활용됩니다. 퍼플 로즈는 베타카로틴이 더욱 많이 포함되어 있습니다.

Q 로즈는 항암효과가 있다고 하는데 어떤 성분 때문에 그런 건가요?

A 로즈에 풍부하게 들어있는 엽록소와 카로틴이 면역력 향상을 도와 항암효과가 있다고 합니다.

로즈는 이름처럼 잎의 색감과 모양이 예뻐서 모양을 살려야 하는 요리에 활용하면 좋아요. 큼직하게 잘라서 샐러드에 활용하거나 쌈밥이나 또띠아 위에 펼쳐 피자에 응용하기도 좋습니다. 생소한 이름의 채소이지만 마트에서 쉽게 찾을 수 있어 미리 알고 보시면 손이 자주 가실 거예요!

|로즈 와사비 무침 |

보라색과 흰색의, 예쁘게 생긴 쌈 채소인 로즈. 보통 쌈으로 많이 싸서 드시지만, 키위소스와 함께 버무려 드시면 새콤달콤한 색다른 샐러드로 드실 수 있답니다. 다이어트 효과를 높이고 싶으시다면 샐러드에 드레싱을 뿌리지 않고 키위나 오렌지 등 과육을 썰어 넣고 같이 씹어 드시면 좋아요. 톡 터지는 과육 때문에 드레싱을 뿌려 먹는 느낌을 느낄 수 있어요. 소스에 들어가는 고추냉이(연와사비)는 매운 향에 코끝을 자극하는데요, 미각을 한때 마비시켜 생선비린내를 느끼지 못하도록 해주며 살균 효과도 탁월해요. 그래서 '로즈 와사비 무침'은 회나 해산물 요리와 함께 드셔도 잘 어울려요.

재료&
만드는 방법

로즈	5장	파프리카	1/4개
방울토마토	3개		

키위소스) 키위 1개/ 레몬즙, 고춧가루, 간장, 참기름 1큰술/ 연와사비 1/2작은술

❶ 로즈는 손으로 찢어주고 파프리카, 방울토마토는 먹기 좋게 썰어 준다.

❷ 키위는 으깬 후 분량의 양념과 섞어 준다.

  (키위를 위생봉투 안에 넣어 으깨주면 수월해요)

❸ 재료와 함께 조물조물 버무려준다.

> FoodRan's Tip
> 연와사비 대신 연겨자로 대체해 주어도 좋아요

로메인상추

3~11월 | 100g·58kcal

상추 품종 중에서 영양이 가장 풍부하다고 하는 로메인상추. 로마인들이 즐겨 먹어 '로메인'이라는 이름이 붙여진 서양 채소로 비타민C, 비타민A가 많이 들어있고 엽산과 칼륨 또한 풍부하다.

주요효능   열을 식히고 소변을 잘 보게 해준다. 지혈작용도 돕는다.
피부미용 / 해독작용 / 신경안정 / 조혈작용 / 변비예방 / 부종제거
(부작용) 위장이 차가운 사람은 과잉섭취를 피하는 것이 좋다.

싱싱 채소 구별법   잎에 상처가 없이 깨끗한 것, 줄기 끝 부분이 누렇게 색이 변해 있지 않은 것. 줄기가 탄력 있고 도톰하고 수분이 꽉 차 있는 것.

올바른 세척법   흐르는 물에 가볍게 한 장 한 장 씻어 준다.

똑똑한 보관법   종이행주에 물을 살짝 묻혀 한 장씩 겹쳐 위생봉투에 넣어 냉장 보관한다.

Q 청상추와 로메인을 손쉽게 구별하는 방법은?

A 로메인은 배추처럼 잎이 길쭉한 느낌으로 직립하여 포기가 져 있습니다. 일반 상추와 달리 맛이 쓰지 않고 감칠맛이 있죠. 로메인상추 줄기에는 통증 완화에 도움이 되는 락투신과 락투세신이라는 성분이 있어 졸음을 유발하는데 그래서 불면증에 도움이 된다고 합니다.

Q 시저 샐러드의 주재료가 로메인인가요?

A 시저 샐러드는 로마 시대의 황제, 시저가 즐겨 먹던 샐러드라 해서 붙여진 이름입니다. 로마인들이 즐겨 먹는 상추로 로메인이란 이름이 붙여진 만큼 그 시대에는 즐겨 먹는 잎채소가 로메인이니 시저 샐러드의 주재료라고 할 수 있습니다.

Q 로메인이 출산한 여성에게 좋은 이유는?

A 로메인상추에는 철, 칼슘, 미네랄, 엽산이 풍부합니다. 특히 락투카리움이란 성분은 신경안정 효과가 있어 출산 후 예민해진 여성들의 긴장을 완화해주어 모유의 분비량이 늘 게 해준다고 합니다.

쌈으로만 싸먹지 말고 어디에든 썰어서 또는 잘게 찢어서 곁들여만 주어도 체내 나트륨을 배출하고 요리의 부피감을 살릴 수 있어요. 쌈 채소는 꼭 고기류와 싸먹는다고만 생각하지 말고 식사 때 반찬과 함께 싸서 드시면 더 많은 섭취를 할 수 있고 포만감도 높여 줄 수 있어요.

| 로메인 메밀국수 |

로마인들이 즐겨 먹던 로마인의 상추, 로메인은 코스 상추라고도 불려요. '슈퍼그린'이라고 할 만큼 보기보다 영양소가 풍부한 잎채소인데요, 면을 로메인에 싸서 먹으면 그 조화가 아주 좋아요. 칼슘, 비타민 등의 영양섭취에도 좋은 담백한 웰빙요리라 할 수 있습니다.

재료& 만드는 방법

로메인	2장	달걀	1개
당근	가로5cm×세로2cm	애호박	1/4개
메밀면	100g		

육수) 다시마 1장 / 바지락 한줌

양념) 다진 김치 3큰술/ 간장, 고춧가루, 김가루 1큰술/ 깻가루 1작은술/ 참기름

1. 채소들은 가늘게 채를 썰어 준다.
2. 팬에서 약한 불로 지단을 부친 후 완성된 지단을 채 썰고, 당근, 애호박을 볶아준다.
3. 메밀면은 삶아 주고 육수를 우려내고 바지락은 건져둔다.
4. 그릇에 삶은 면과 재료들을 담고 육수를 부어준다.
5. 분량의 양념과 건져둔 바지락을 얹어 마무리한다.

FoodRan's Tip

메밀면 대신 소면이나 쌀국수로 대체해 주어도 좋아요

루콜라

3~11월 | 100g · 16kcal

독특한 향을 가진 이탈리아 채소인 루콜라는 비타민과 칼슘, 미네랄이 풍부하며 기운회복에 좋고 입맛을 돋우어 준다. 치즈와 함께 먹으면 단백질까지 보충할 수 있어 영양 궁합과 맛의 조화가 좋다.

주요효능 위장을 튼튼하게 하고 식욕을 돋우며 피부미용에 좋다.
식욕증진 / 항암예방 / 피부미용 / 소화작용 / 골다공증예방
(부작용) 신장결석이 있을 때는 과잉섭취를 피하는 것이 좋다.

싱싱 채소 구별법 곧은 줄기모양에 잎이 시들지 않고 싱싱한 것. 진한 초록빛을 띠고 특유의 향이 진한 것.

올바른 세척법 체에 담아 흐르는 물에 가볍게 씻어 준다.

똑똑한 보관법 종이행주에 감싸 지퍼팩에 넣어 냉장 보관한다.

 # 무엇이든 물어보세요

Q 루콜라에서 깨와 비슷한 고소한 맛이 나는 이유는?

A 루콜라는 독특하고 고소한 향을 가지고 있는 향신채소입니다. 그래서 입맛을 돋우어 주는 효과가 탁월합니다.

Q 피자나 샌드위치 스테이크 등 서양 음식의 토핑으로 루콜라가 자주 사용되는 이유는?

A 일단 루콜라는 이탈리아가 원산지인 서양채소이기 때문에 주로 서양요리(이탈리아요리)에 많이 활용되고 있습니다. 또한, 치즈와 맛과 영양의 궁합이 좋아서 치즈를 사용하는 서양 요리에 즐겨 사용되는 채소라 할 수 있습니다.

Q 마트에서 루콜라를 왜 아주 적은 양으로 포장해서 판매하는 걸까요?

A 양념 채소이자 허브 채소인 루콜라는 다른 허브 채소들과 같이 소량 포장 판매되고 있습니다. 보통 요리에 향이 강한 채소는 아주 소량씩만 가미하는 정도로 사용되기 때문입니다.

루콜라의 고소한 풍미는 어떤 요리에도 잘 어울려요. 새콤한 요리와 함께 곁들이면 새콤함과 고소함이 어울려집니다. 토마토소스와도 굉장히 잘 어울리는 음식재료입니다. 피자, 스파게티, 스튜 등에 루콜라를 얹어 생으로 먹어도 좋고 함께 익혀 먹어도 풍미가 살아납니다. 양식뿐만 아니라 한식 요리에 곁들어도 고급스러운 느낌을 연출할 수 있어요.

| 루콜라 청포묵 무침 |

비타민과 단백질이 풍부한 루콜라는 주로 이탈리아에서 사용되는 채소로 독특한 고소한 향을 가지고 있어요. 제 느낌으로는 깨의 풍미와 흡사하게 느껴지더군요. 주로 서양요리나 토마토소스와 잘 어울려서 샐러드나 피자에 많이 사용되는데 루콜라 청포묵 무침은 청포묵에 흔한 채소류가 아닌 루콜라를 사용해 새콤하면서 고소한 색다른 풍미의 묵 무침이에요. 일반적으로 묵 무침에 사용되는 간장소스 양념이 아닌 토마토를 갈아 건강함을 더하고 다진 소고기로 부피감과 풍미를 더했어요. 청포묵은 녹두를 갈아서 만든 묵으로 부담 없이 드실 수 있는 저열량 다이어트 식품입니다. 식이섬유가 풍부해 배변 활동에 좋아요.

재료 & 만드는 방법

루콜라	한줌	청포묵	1봉
청양고추	1개	미니파프리카	1개

토마토양념) 토마토 1개 / 다진 소고기 50g /
고춧가루, 간장 3큰술 / 참기름 1큰술 / 다진마늘 1작은술 / 깨 약간

❶ 청포묵을 채 썰어 데친 후 헹궈 준다.

　(채 썰어 데쳐야 모양유지가 쉬워요)

❷ 미니 파프리카와 고추를 송송 썰고 루콜라는 먹기 좋게 찢어준다.

❸ 토마토를 믹서에 곱게 갈아준다.

❹ 팬에 다진 소고기, 다진 마늘을 볶다가 분량의 나머지 양념 재료를 넣어 끓여 준다.

❺ 재료들과 양념을 버무려 담아준다.

FoodRan's Tip
청포묵 대신 도토리묵으로 대체해 주어도 좋아요

치커리

7~8월 | 100g · 24kcal

치커리는 비타민, 무기질, 카로틴, 칼륨, 철분과 식이섬유 등의 영양성분은 풍부하지만 열량은 매우 낮아 부담 없이 먹을 수 있고 다이어트 시 자주 먹으면 효과적인 쌈 채소다. 북유럽이 원산지이며 쌉싸름한 맛을 갖고 있다.

주요효능 황달성 간 질환에 도움이 되며 소화를 도와준다.
변비예방 / 당뇨예방 / 성인병예방 / 시력회복
(부작용) 설사가 잦은 사람은 과잉섭취를 피하는 것이 좋다.

싱싱 채소 구별법 잎이 누렇게 변색하지 않고 모양이 잘 살아 있는 채로 줄기에 붙어 있는 것.
줄기는 선명한 초록빛을 띠고 있는 것.

올바른 세척법 찬물에 담근 후 흔들어 잎 사이 틈까지 잘 씻어낸다. 억센 줄기 부분을 먼저 다듬은 후에 흐르는 물에 씻어 준다.

똑똑한 보관법 종이행주에 감싼 후 마르지 않게 위생봉투에 넣어 냉장 보관한다.

무엇이든 물어보세요

Q 치커리는 잎이 넓지도 않은데 왜 쌈 채소로 즐겨 사용되는 걸까요?

A 치커리는 잎이 넓지 않지만 다른 쌈 채소와 마찬가지로 줄기 그대로 잎과 함께 붙어 있어 쌈 채소 부류의 특징을 공유하고 있습니다. 특히 알싸하고 쌉싸름한 맛이 느끼한 육류요리와 어울리며 콜레스테롤을 낮춰주고 칼륨배출을 돕기 때문에 고기와 함께 드시면 효과적이랍니다.

Q 치커리의 쓴맛이 입맛을 살려준다는데 정말 그런가요?

A 치커리의 쓴맛은 '인티빈'이란 성분 때문인데 인티빈은 소화를 촉진해주어 입맛을 돋우어 줍니다. 이뿐만 아니라 혈관을 강화하고 콜레스테롤을 배출하는 효능도 있습니다.

Q 치커리를 생으로 먹지 않고 열을 가해 먹을 때 주의해야 할 점은?

A 잎채소는 어떤 종류든 간에 가열할 때보다 생으로 섭취하는 게 좋습니다. 영양소가 덜 파괴되기 때문인데요, 필요하면 열을 가하더라도 낮은 온도에서 가볍게 가열해 먹는 정도가 좋습니다.

치커리를 육류와 함께 섭취하면 단백질 보충까지 할 수 있어 궁합에 좋습니다. 식이섬유가 풍부하여 쌉쓸한 맛을 보완해줄 달콤한 과일과 함께 갈아서 섭취하면 변비예방에 좋은 음료가 됩니다. 치커리 잎이 일반 잎채소처럼 넓지 않아 쌈으로 싸먹기 불편할 수 있는데 저의 경우에는 고기를 먹고 치커리는 따로 손으로 구겨 접어 쌈장에 찍어 먹어요. 그러면 느끼함도 잡아주고 담백하게 쌈 요리를 즐길 수 있어요.

| 치커리 맑은 백합국 |

쌉싸름한 맛이 매력적인 치커리는 마트의 쌈채소류나 샐러드채소류 판매대에서 만나셨을 텐데요, 이 치커리를 국이나 찌개에 넣는다는 것이 아마 생소하게 느껴지실 거예요. 여린 잎이기 때문에 팔팔 끓이지 않고 국과 찌개를 끓인 후 마무리 열기로 익혀내 섭취하면 영양소가 풍부한 치커리를 색다르게 즐기실 수 있어요.

치커리 맑은 백합국은 깔끔하고 시원하게 드실 수 있는 요리로 타우린이 풍부해 피로회복과 숙취 해소에 좋으며 체내의 열을 내려 줍니다. 백합은 전복에 버금가는 고급 조개류로 영양소 또한 풍부해요. 홍합으로 대체해도 좋은데 홍합은 색이 홍색 이어서 홍합 또는 담치라고도 해요. 맛이 달고 성질이 따뜻하며 피부를 매끄럽고 윤기 있게 해주는데 좋은 조개류예요.

재료 & 만드는 방법

치커리	한줌	백합	3개
죽순	50g	통마늘	2톨
대파	1/2대	홍고추	1개
국간장	1작은술	소금, 후추	약간

❶ 죽순, 통마늘은 슬라이스 해주고 대파, 홍고추는 채를 썰어준다.

  (죽순은 빗살 모양을 살리도록 슬라이스 해주어야 예뻐요)

❷ 냄비에 대합, 물, 마늘, 간장을 넣어 보통 불로 끓여 준다.

❸ 백합이 익어 입을 벌리면 죽순, 고추를 넣어 끓여준다.

❹ 간을 맞춘 후 불을 끄고 치커리, 채 썬 대파를 얹어 마무리한다.

  (불을 끈 상태에서 남은 열기로 자연스럽게 익도록 해주세요)

비타민

2~5월 | 100g·27kcal

비타민A와 비타민C, 철분과 칼슘이 풍부한 이름처럼 비타민이 풍부한 잎채소이다. 비타민 외에도 칼륨과 철분도 풍부해 초기 아기 이유식 재료로도 많이 사용되고 있다.

주요효능 기혈순환을 촉진하고 노폐물을 제거한다.
노폐물제거 / 피로회복 / 나트륨배출 / 다이어트 / 성장촉진
(부작용) 위장이 차가운 사람은 과잉 섭취를 피하는 게 좋다.

싱싱 채소 구별법 줄기 부분이 다발로 튼튼하게 붙어 있는 것. 줄기와 잎이 짓물러 있지 않고 깨끗하고 색감이 선명한 것.

올바른 세척법 줄기 부분을 하나씩 떼어낸 후 흐르는 물에 씻어 준다.

똑똑한 보관법 종이행주로 감싸 위생봉투 안에 넣고 냉장 보관한다.

무엇이든 물어보세요

Q 비타민을 익혀 먹어도 되나요? 비타민(영양소)이 파괴되지 않을까요?

A 비타민은 가열 시에 영양성분이 파괴되기 쉬우므로 고온에서 오래 가열하지 않는 것이 좋습니다. 줄기가 단단한 편이기 때문에 줄기까지 숨이 죽을 정도로 익히지 않으면 영양성분을 유지한 상태에서 드실 수 있습니다.

Q 아기 이유식 레시피에 비타민이 자주 등장하는 이유는 뭔가요?

A 시금치보다 비타민A가 2배나 많고 칼슘 또한 풍부하여서 면역력과 성장에 도움이 되기 때문입니다. 또한, 잎이 작고 일반 잎채소보다 보관이 조금 더 긴 편이어서 소량씩 조리하기에도 좋습니다. 줄기 부분은 질기고 억세서 이유식에는 잎만 떼어 사용하는 것이 좋습니다.

Q 그동안 비타민은 왜 다른 쌈 채소들보다 덜 주목받은 걸까요?

A 쌈을 싸기 쉬운 넓은 잎의 쌈 채소 중심으로 소비되었고 가격의 면에서도 비쌌기 때문에 덜 주목받은 측면이 있습니다.

비타민은 딱히 자를 필요가 없을 정도로 모양새가 작아 한입 크기로 드시기에 좋아요. 그래서 샐러드나 겉절이에 모양 그대로 뜯어 활용하면 좋고 피자 토핑으로 얹어 구워 드셔도 좋습니다. 이름 그대로 비타민이 굉장히 풍부하여서 피로회복 효과가 있어 갈아서 음료로 드시면 천연 피로회복제가 됩니다.

| 비타민 자몽 겉절이 |

비타민이란 이름의 채소가 생소하게 느껴지시겠지만, 모양새를 보면 그리 낯설지 않은 자주 본 듯한 친근한 모습일 거예요. 이름처럼 비타민이 굉장히 풍부한 비타민은 샐러드용으로 보다는 겉절이용으로 활용하기에 좋아요. 잎 자체에 두께 감이 있어 숨도 금방 죽지 않고 아삭하고 싱싱하게 드시기에 좋습니다. 황금비율의 양념과 상큼하게 씹히는 자몽과의 조화가 잘 어우러진 비타민 자몽 겉절이는 완성요리 모습의 빛깔이 무척 예뻐요. 자몽의 펙틴 성분은 콜레스테롤을 낮춰주기 때문에 비타민 자몽 겉절이를 육류와 함께 섭취하면 더더욱 좋습니다.

재료 & 만드는 방법

비타민	한줌	자몽	1/2개
양파	1/6개		

양념) 식초, 고춧가루 2큰술/ 매실청, 참기름, 올리고당 1큰술/ 다진마늘 1작은술

❶ 자몽을 슬라이스 해주고 양파를 결 반대로 가늘게 채를 썰어준다.

　(양파를 가열하지 않고 생으로 섭취하면 결 반대로 썰어야 부드럽게 드실 수 있어요)

❷ 비타민을 잎을 따서 찬물에 헹군 후 수분을 제거해 준다.

　(잎채소는 꼭 수분을 잘 제거한 후에 양념에 버무려야 맛있게 드실 수 있어요)

❸ 분량의 양념과 조물조물 가볍게 버무려 준다.

> **FoodRan's Tip**
> 자몽 대신 사과나 오렌지로 대체해 주어도 잘 어울려요

쑥갓

1~2월 | 100g · 26kcal

독특한 향을 가지고 있으며 맑은 국물이나 생선요리에 주로 사용되는 채소. 생으로 섭취할 때보다 살짝 가열하면 향이 더욱 진해지는 특징을 갖고 있다. 칼륨, 비타민C, 무기질이 풍부하고 중금속 해독작용이 탁월하여 해산물 요리에 많이 사용된다.

주요효능 위장을 따뜻하게 하고 담을 없애며 기 순환을 좋게 한다.
나트륨배출 / 식욕증진 / 변비개선 / 기미주근깨예방 / 불면증예방 / 체질개선
(부작용) 열성 질환을 앓으면 과잉섭취를 피한다.

싱싱 채소 구별법 잎 모양이 살아 있고 색깔이 변하지 않고 초록빛을 선명하게 띠는 것. 줄기가 튼튼하게 뻗어 있는 것.

올바른 세척법 흐르는 물에 흔들어 씻는다.

똑똑한 보관법 잎이 금방 숨이 죽기 때문에 분무기로 잎 부분에 물을 가볍게 뿌려준 후 신문지나 종이행주에 감싸 위생봉투 안에 넣어 냉장 보관한다.

 # 무엇이든 물어보세요

Q 쑥갓을 매운탕이나 어묵탕에 많이 쓰는 이유는?

A 쑥갓은 특유의 향으로 비린 맛을 잡아주고 향긋한 향을 살려 주기도 하지만 특히 중금속 중독에 대한 해독작용이 있어 생선요리와 궁합이 좋기 때문입니다.

Q 쑥갓은 토핑 정도로 적은 양만 쓰이는 경우가 많은데, 많이 먹으면 몸에 안 좋은가요?

A 쑥갓은 진한 향으로 많은 양을 한 번에 섭취하기 부담스러운 면도 있고 많은 양을 한 번에 섭취하면 설사를 유발하는 부작용이 있을 수 있습니다. 특히 몸에 열이 많은 사람은 과잉 섭취를 피하는 것이 좋다고 합니다.

Q 쑥갓을 제대로 충분히 섭취하기 위한 효과적 방법은?

A 쑥갓을 잘게 다져서 볶음밥이나 주먹밥 등에 넣어 먹으면 쓴맛이 중화되어 담백하게 섭취할 수 있습니다.

Q 생으로 먹을 경우와 끓여 먹을 때의 차이점과 요리 시 주의할 점은?

A 생으로 먹을 때는 너무 많은 양을 무리하게 섭취하지 않는 것이 좋고 찌개에 넣을 때는 많이 넣을시 본연의 찌개 풍미가 가려지기 때문에 맛의 조화가 중요합니다.

자칫 비린내와 군내가 나기 쉬운 해산물요리나 육류요리에 쑥갓의 향을 살려 요리하면 좋은데요, 전분가루나 튀김가루만 살짝 묻혀 기름에 가볍게 튀겨 먹어도 별미예요. 닭고기와 함께 섭취하면 더욱 향긋하고 단백질까지 보충할 수 있어 맛과 영양이 풍성해져서 좋아요. 과일과 함께 샐러드를 만들어 드셔도 상큼하게 드실 수 있어요.

| 쑥갓 날치 알 주먹밥 |

쑥갓은 보통 샤부샤부나 매운탕에 넣어서 많이 먹는데 향이 진하고 좋아서 생선요리에 많이 사용되고 있죠. 토핑으로 얹어서 사용한다고 해서 별 볼 일 없는 채소가 아니랍니다. 쑥갓은 영양성분이 굉장히 알찬 채소입니다. 보통 주먹밥에 햄, 피망, 양파 등을 다져서 많이 넣는데 쑥갓을 저며 넣으면 주먹밥에 향기가 스며들어 계속 찾게 되는 중독성을 갖게 됩니다. 매운탕에 들어간 쑥갓을 건져 내 버리고 안 드시는 분들이 많은데요, 이렇게 주먹밥 메뉴에 활용하면 많은 양의 쑥갓을 잎과 줄기 모두 섭취할 수 있어 좋습니다. 쑥갓이 들어간 날치 알 주먹밥은 느끼하지 않고 담백할 뿐 아니라 날치 알의 톡톡 씹히는 식감까지 어우러져 매력적이며 도시락용으로 아주 좋습니다. 재료로 사용되는 홍고추는 맛보다는 주먹밥의 색감을 위해 넣는 것이므로 홍색 피망이나 붉은색 파프리카로 대체해도 상관없습니다.

재료 & 만드는 방법

쑥갓	한줌	홍고추	1개
다진마늘	1작은술	밥	2공기
참기름	1큰술	깨	1큰술
날치알	1/4컵	후추	약간

❶ 쑥갓, 홍고추를 잘게 다져 다른 재료들과 섞어서 밥 양념을 만든다.

❷ 밥과 섞어 동글동글한 한입 크기로 모양을 만들어 준다.

   (위생 장갑을 끼고 하면 손에도 안 묻고 더욱 수월해요)

미나리를 추가해서 다져 넣으면 더욱 맛있는 식감과 향을 느낄 수 있어요!

라디치오

9~11월 | 100g·20kcal

이탈리아가 원산지인 라디치오는 치커리의 한 종류이다. 적양배추와 혼동되기도 하는데 다른 잎
채소들에 비해 가격은 조금 비싼 편이지만 그런 만큼 비타민과 미네랄이 풍부한 특수채소이다.

주요효능   소화를 돕고 눈을 밝게 해주며 혈액순환을 좋게 한다.
소화촉진 / 혈관계강화 / 자양강장 / 폐기능강화
(부작용) 위장이 약한 사람은 과잉섭취를 피하는 게 좋음

싱싱 채소 구별법   튼튼하게 잎이 잘 감싸져 있어서 공처럼 생긴 것. 흰색 부분과 붉은색 부분
이 확실하게 구분된 것. 흰색 부분이 누렇게 변색하지 않고 탄탄한 것. 잎
가장자리 부분이 마르거나 시들지 않은 것.

올바른 세척법   절반을 썰어서 흐르는 물에 사이사이 틈새까지 꼼꼼하게 씻는다.

똑똑한 보관법   물기 없이 랩에 감싸 공기가 통하지 않게 냉장 보관한다.

 # 무엇이든 물어보세요

Q 계절 구분 없이 마트에서 살 수 있긴 하던데 그래도 어느 시기에 먹어야 가장 맛과 영양이 좋을까요?

A 겨울에서 이른 봄 사이에 드시면 잎이 더욱 아삭하고 단맛도 풍부합니다.

Q 라디치오는 왜 붉은색을 띨까요?

A 라디치오 자체가 레드치커리가 결구 된 것을 가리킵니다.

Q 샐러드 만들 때 라디치오를 대신할 수 있는 붉은색 특수채소는 뭐가 있나요?

A 적양배추, 트레비소, 로즈, 비트잎 등을 꼽을 수 있겠네요.

라디치오의 쓸쓸한 맛은 소화를 도와주는 성분 때문에 나는 것으로 식후에 과일보다는 라디치오를 드시면 다이어트식 디저트가 될 수 있어요. 양상추 느낌과 비슷하지만, 양상추보단 잎이 두꺼워서 볶음 요리에 활용하기 좋아요. 색감이 예뻐 피클로 담가 먹어도 좋고 한입 크기로 모양을 내어 쌈밥으로 활용해도 좋아요.

| 라디치오 후르츠찜 |

채소를 보통 잎만 뜯어 드실 텐데 라디치오 후르츠찜은 통으로 과일과 함께 쪄내 새콤하고 식감이 부드러워 색다르게 드실 수 있는 메뉴예요. 오랜 시간 조리하지 않고 살짝만 찌기 때문에 채소와 과일의 영양소를 골고루 섭취할 수 있습니다. 그뿐만 아니라 몸 안의 독소를 제거하는 해독작용 효과가 뛰어납니다.

**재료&
만드는 방법**

라디치오	1개	레몬	1/4개
자몽	1/4개	사과	1/4개
화이트와인	1컵		

❶ 라디치오를 통 모양 그대로 가볍게 씻은 다음 수분을 제거해 준다.

❷ 과일류를 큼직하게 썰어 준다.

❸ 냄비에 라디치오와 과일을 담고 화이트와인을 넣어 보통세기보단 약한 불로 8분간 끓여 준다.

FoodRan's Tip
과일류는 새콤한 맛이 풍부한 과일로 기호에 맞게 대체해 주어도 좋아요!

케일

7~8월 | 100g · 16kcal

케일은 비타민과 미네랄, 아미노산과 단백질, 식이섬유까지 풍부한 영양 가득한 채소이다. 특히 베타카로틴함량이 높아 어린이와 노인들에게 좋은 채소로 알려졌다. 주로 녹즙으로 마시거나, 쌈과 주먹밥 형태로 많이 활용되고 있다.

주요효능   노폐물을 제거하고 뼈를 튼튼하게 하며 해독작용이 있다.
혈압조절 / 면역력강화 / 동맥경화증예방 / 항암효과 / 니코틴해독
(부작용) 위가 약한 사람은 과잉섭취를 피하는 것이 좋다.

싱싱 채소 구별법   잎이 숨이 죽지 않고 살아 있으며 누렇게 변색하지 않고 힘이 있는 것. 잎줄기 끝이 빳빳하고 튼실한 것.

올바른 세척법   흐르는 물에 한 장 한 장 깨끗이 씻어 준다.

똑똑한 보관법   분무기로 물을 골고루 적셔서 축축해진 상태의 신문지에 케일을 감싸 냉장 보관 한다.

 # 무엇이든 물어보세요

Q 케일은 병충해가 심해 농약을 많이 사용하여 재배한다는데 사실인가요?
그렇다면 이와 같은 문제를 어떻게 해결해야 할까요?

A 케일은 벌레가 좋아하는 채소로 유명합니다. 그만큼 영양이 풍부하다는 방증이기도 합니다. 하지만 재배 시에 농약을 많이 뿌려야 하는 경우가 많이 있을 수 있습니다. 따라서 농약이 걱정이시라면 가격이 다소 비싸지만, 유기농 상품을 사시거나 텃밭에서 직접 키우시는 것도 문제 해결의 좋은 방법입니다. 마트에서 사실 때 오히려 벌레 먹은 흔적이 있는 케일을 고르시는 것도 현명한 선택이라 할 수 있습니다. 농약 잔류물 없이 깨끗이 씻는 것이 무엇보다 중요한데 식용 소다를 풀어낸 물에 케일을 담근 후에 흔들어 씻은 다음, 다시 한 번 흐르는 물로 깨끗하게 한 장 한 장 씻어 주면 깨끗하게 농약을 없앨 수 있습니다.

Q 케일을 생으로 먹을 때와 쪄서 먹을 때 어떤 차이가 생기나요?

A 케일은 가열하게 되면 쓴맛은 감소하고 단맛이 상승하며 잎이 부드러워진다. 위에 좋은 성분인 비타민U 성분은 가열 시 파괴되기 쉬우므로 위의 질환때문에 약용으로 드실 경우에는 생으로 즙을 내 섭취하는 것을 권하고 싶습니다.

Q 케일에 열을 가하면 영양소가 파괴되지 않나요? 찌거나 삶을 때 이와 같은 문제를 해결하는 방법은 없을까요?

A 채소에 들어있는 비타민은 열에 민감하여 파괴될 수 있으나 오랜 시간 가열이 아닌 가볍게 낮은 온도에서 익혀 주면 이를 최소화 할 수 있습니다. 쪄준 후에 찬물로 헹구는 것보다 바로 냉장고에 넣어 온도를 낮추는 것이 영양소를 조금 더 보호하는 방법입니다.

케일은 생으로 갈아 녹즙으로 마셔도 좋고 쌈을 싸먹을 때도 많이 활용하는데요, 익혀서 드실 때 오래 가열해 영양소가 파괴되지 않도록 주의하셔야 합니다. 케일을 샐러드로 드실 땐 오일 드레싱을 곁들여 드시면 케일에 부족한 영양소도 보완하고 비타민 흡수를 더욱 높일 수 있습니다. 케일의 쌉싸름한 맛은 식욕을 감소시켜 다이어트에 도움이 됩니다.

| 케일 두부롤 |

케일 두부롤은 비타민과 미네랄이 풍부한 케일과 두부가 만나 단백질까지 보충되어 영양 보충에 좋은 건강식 메뉴입니다. 밥이 아닌 두부가 들어가 저열량 음식으로 부담 없이 드실 수 있어요. 마늘과 베이컨을 고소하게 볶아 함께 곁들이기 때문에 다소 심심할 수 있는 주재료에 식감의 포인트를 주어 더욱 맛있게 드실 수 있습니다.

'두부는 뼈 없는 식물성 고기다'라고 할 정도로 두부는 단백질이 굉장히 풍부합니다.

재료 & 만드는 방법

케일	4장	두부	1/2모
통마늘	2톨	베이컨	1장
참깨가루	1큰술	김	1장
참기름, 소금	약간		

❶ 케일을 김이 오른 찜통에 펼쳐 1분간 쪄 준 다음 천천히 식혀 준다.

　(케일은 숨이 금방 죽기 때문에 1분간 찐 후 그대로 식혀주세요)

❷ 두부는 길게 막대기처럼 도톰하게 썬 후, 기름 두른 팬에 소금을 뿌려 센 불로 노릇하게 구워 준다.

　(두부를 굽기 전에 종이행주로 수분을 충분히 제거한 후 구워주세요)

❸ 통마늘, 베이컨은 잘게 썰어 센 불로 노릇하게 바싹 구워 준다.

❹ 김발이 위에 김과 케일을 깐 후 가운데 재료들을 얹어 준다.

❺ 참깻가루를 뿌린 후, 돌돌 말아 참기름을 겉면에 바른 후 한입 크기로 썰어 준다.

> **FoodRan's Tip**
>
> 김발이를 활용해 말 때 손가락들을 이용하여 피아노 치듯이 속 재료를 힘 있게 넣어 가며 말아야 튼튼하게 모양이 잡혀요!

트레비소

9~11월 | 100g·27kcal

이탈리아가 원산지인 치커리의 일종으로 이탈리아 트레비소 지방에서 많이 재배되어 '트레비소'
란 이름이 붙여졌다. 칼슘, 인, 철, 비타민A, 비타민C가 풍부하다.

주요효능 소화를 도와주고 혈관을 튼튼하게 한다.
소화촉진 / 당뇨예방 / 혈관계강화
(부작용) 위장이 약한 사람은 과잉섭취를 피하는 게 좋음.

싱싱 채소 구별법 전체적으로 모양이 튼튼하게 잡혀 있고 상처나 짓무름이 없는 것. 흰색 부위
가 누렇게 변하지 않고 적색과 흰색의 색감이 깨끗한 것.

올바른 세척법 꼭지 부분을 다듬어 가며 한 장 한 장 손질해 흐르는 물에 깨끗하게 세척
해 준다.

똑똑한 보관법 잎을 분리하지 않은 상태일 경우엔 물기가 없는 상태에서 랩으로 싼 후 냉장
보관해 준다. 잎을 분리한 상태라면 적당한 밀폐용기에 찬물을 담그고 거기
에 넣어 냉장 보관 후 이른 시일 내로 먹는다.

 # 무엇이든 물어보세요

Q 이탈리아 채소인 트레비소와 어울리는 한식 레시피는 뭐가 있을까요?

A 냉채에 함께 넣거나 밀전병에 싸먹는 재료로도 잘 어울려요. 볶음 요리 시에 불을 끄고 남은 열기로 가볍게 버무려 먹어도 색감과 영양균형에 좋아요.

Q 쓴맛이 나는 트레비소 줄기는 먹어야 할까요?

A 쓴맛을 내주는 인티빈 성분이 체내 소화를 촉진해 주고 혈관을 튼튼하게 해주며 당뇨를 예방해 준다고 하니 줄기까지 드시면 건강에 좋습니다.

Q 트레비소는 일반 채소와 어떤 다른 영양성분을 갖고 있나요?

A 앞서 말씀드린 쓴맛을 내는 인티빈 성분 외에도 철과 칼륨 성분이 아주 풍부해요.

적양배추와 비슷하다고 생각할 수 있지만, 치커리의 일종이라 치커리와 비슷한 점이 많아요. 샌드위치, 샐러드, 피자 등 이탈리아 요리에 맛과 색감 모두 어울리기 때문에 많이 활용하면 좋을 것 같아요.

balsamico. Paté di
Toscana. Salsa

| 트레비소 퀘사디아 |

느끼하게 생각할 수 있는 퀘사디아 메뉴를 트레비소로 꽉 채워 드시면 아주 담백하게 드실 수 있답니다. 전체적인 색감의 느낌도 예쁘고 부담 없이 드실 수 있도록 저열량의 요거트 소스를 활용해 느끼하지 않게 드실 수 있어요. 브런치 메뉴로도 좋으니 자주 활용해서 드세요!

재료& 만드는 방법

트레비소	3장	닭가슴살	1개
양파	1/4개	파프리카	1/4개
허브소금	약간	버터	적당량
또띠아	2장	슬라이스치즈	2장
토마토	1/4개		

요거트소스) 플레인요거트 1/2컵 / 다진양파 2큰술 / 레몬즙 1큰술

❶ 닭가슴살, 양파, 파프리카는 채를 썰어 기름을 두른 팬에 허브 소금을 뿌려 센 불로 노릇하게 각각 볶아준다.

(각각 익는 속도가 달라서 따로 볶는 게 더욱 맛있어요)

❷ 또띠아 절반에 슬라이스 치즈 반장을 얹은 다음, 재료들을 골고루 얹어 남은 치즈 반장을 위에 얹은 후 반으로 접어준다.

(치즈는 맛도 맛이지만 일종의 접착제 역할을 해요)

❸ 버터를 두른 팬에 보통 불로 양면을 노릇하게 구워 준다.

(밑면이 노릇하고 바삭해지면 막혀있는 쪽 방향으로 넘겨 뒤집어 주세요)

❹ 3등분으로 썰어준 후 요거트소스와 곁들여 준다.

FoodRan's Tip
예쁘게 자르려면 칼질하듯이 썰지 말고 작두로 썰듯이 내려찍어야 잘 자를 수 있어요!

청경채

12~2월 | 100g · 18kcal

중국 배추의 일종으로 볶음요리에 자주 사용되는 채소. 칼슘, 비타민A, 비타민C, 미네랄, 카로틴이 풍부하며 저열량 채소로 다이어트에도 좋고 치아를 튼튼하게 해주는 것으로 유명하다.

주요효능 열을 식히고 폐를 좋게 하며 진액을 만들어 갈증을 없애줌. 대소변 장애 개선.
야맹증개선 / 노화방지 / 다이어트 / 성장발육 / 암세포생성억제
(부작용) 위장이 차거나 약한 분들, 설사를 자주 하는 분들은 과잉섭취를 피하는 게 좋음

싱싱 채소 구별법 잎이 시들지 않고 전체적으로 모양새가 튼튼하며 흰 줄기 부분이 단단하고 광택이 있는 것.

올바른 세척법 흐르는 물에 줄기 안쪽 구부러진 모양 속까지 깨끗하게 씻어 준다.

똑똑한 보관법 물기가 없는 상태에서 밀폐용기에 종이행주를 깔고 모양이 온전할 수 있도록 넣어 냉장 보관해 준다.

 # 무엇이든 물어보세요

Q 청경채는 왜 중국요리에 많이 쓰이는 걸까요?

A 중국 원산의 채소로 중국 배추의 일종이며 중국 사람들이 요리에 많이 활용합니다. 기름과 함께 조리하면 지용성비타민의 흡수율을 높여 줄 수 있기 때문에 기름이 많이 사용되는 중국요리에 아주 적합해요. 잎줄기가 단단하여 모양유지에도 좋아 끓이거나 볶기에도 적합하답니다.

Q 특별한 맛이나 향이 없는데 청경채를 사용하는 이유는 뭔가요? 어떤 요리에 사용하면 좋은가요?

A 생으로 먹어도 좋지만, 요리에 사용되면 느끼함도 잡아주고 국물의 시원함을 살려줍니다. 기름을 사용하는 요리에 지용성비타민 흡수율을 높여주기 때문에 좋아요. 기름에 가볍게 볶은 후 물을 끼얹어 뚜껑을 덮어 쪄주듯이 조리하여 섭취하면 풍미가 아주 좋습니다.

Q 청경채를 생으로 먹을 때 주의할 점은 무엇인가요?

A 생 보다는 적당히 가열해서 드시는 게 좋습니다.

Q 청경채 꼭지는 버려야 하나요?

A 청경채 꼭지 부분은 질기고 억세기 때문에 대체로 사용하지 않아요. 하지만 최대한 바짝 잘라서 잎 부분을 함께 자르지 않도록 제거해 주세요.

청경채는 생즙으로도 마실 수 있는 건강 채소예요. 미네랄과 비타민이 풍부한 건강 주스가 되니 생식으로도 자주 드시는 게 좋아요. 쓴맛이 없어 생으로 드시기에도 무리가 없답니다. 끓는 물에 데칠 때는 줄기 아래 두꺼운 부분부터 물에 담그고 서서히 익혀줍니다. 잎은 살짝만 데쳐야 골고루 맛있는 식감을 느낄 수 있어요.

| 청경채 찜 |

청경채는 중국 배추의 일종으로 잎과 줄기가 푸른색을 띤다고 해서 붙여진 이름이에요. 보통 청경채는 마트에 팔고 있는데도 어떻게 활용해야 할지 몰라서 구매를 잘 하지 않는 경우가 많으신데요, 청경채는 특별한 맛이 없어 더욱 보잘것없는 것 같이 생각되기도 하지만 칼슘이 굉장히 풍부하여서 뼈를 튼튼하게 해주는 데 도움이 되는 채소입니다. 생으로 샐러드채소로 활용해도 좋지만 이렇게 돼지고기와 쪄서 먹으면 포만감도 있고 뭔가 하나의 유명 중국음식점의 요리를 집에서 직접 만드신 느낌을 받으실 거예요.

재료& 만드는 방법

청경채	3포기	다진돼지고기	100g
전분가루	2큰술	달걀흰자	1개
다진마늘	1작은술	치킨스톡	1컵
소금, 후추	약간	전분물	2큰술
맛술	1큰술	참기름	약간

❶ 다진 돼지고기는 칼로 다시 한 번 곱게 다져 전분가루, 달걀흰자, 다진 마늘, 소금, 맛술, 후추와 버무려 반죽해 준다.

   (다진 돼지고기를 칼로 다시 으깨어 주듯이 곱게 다져야 모양이 잘 잡혀요)

❷ 청경채 잎 사이사이에 반죽을 채워 준다.

❸ 냄비에 얹어 준 후 치킨스톡을 자작하게 부어 고기가 익을 때까지 뚜껑을 덮은 상태에서 보통보다 약한 불로 익혀 준다.

❹ 전분물, 참기름을 넣어 마무리한다.

   (전분물은 전분가루와 물을 동량으로 섞어 주세요)

FoodRan's Tip

청경채 찜은 접시에 담아 칼로 썰면서 드시면 좋아요!

바라깻잎

6~8월 | 100g·29kcal

줄기까지 붙어있는 어린 들깨의 잎을 바라깻잎이라고 한다. 칼슘, 칼륨, 철분, 무기질, 비타민이 풍부하다. 깻잎의 특유한 향이 세균증식 억제 작용을 한다.

주요효능	위장을 따뜻하게 하고 차가운 기운을 발산시킨다. 변비예방 / 식중독예방 / 항균작용 / 독소제거 / 신경통예방 / 해독작용 (부작용) 열이 많은 사람은 피하는 것이 좋다.
싱싱 채소 구별법	잎이 시들지 않고 보송보송 한 것. 포장봉지에 물기가 생기지 않고 말라 있는 것.
올바른 세척법	한 장 한 장 흐르는 물에 씻어 준다.
똑똑한 보관법	깻잎은 금방 시들기 때문에 이른 시일 내로 섭취하는 것이 좋다. 깻잎은 금방 마르기 쉬워 전체적으로 분무기로 가볍게 물을 뿌려준 후 종이행주나 신문지에 살짝 감싸 밀폐용기에 담아 냉장 보관해 준다. 오래 두고 먹을 시에는 한소끔 데쳐 물기를 짠 후 위생봉투에 넣어 냉동 보관해준다.

 # 무엇이든 물어보세요

Q 바라깻잎과 일반 깻잎은 뭐가 다른 건가요? 구별법은 어떤가요?

A 일반 깻잎보다 어린 깻잎, 잎이 더 작고 여리며 향이 진합니다. 줄기까지 붙어있는 깻잎이라고 생각하시면 구별하기 쉬울 거예요, 감자탕에 들어간 깻잎이 바라깻잎이라고 생각하시면 됩니다.

Q 깻잎보다 바라깻잎을 사용하면 좋은 레시피는 어떤 것들이 있을까요?

A 일반깻잎보다 진한 향으로 부드럽게 드실 수 있기 때문에 주로 무침 레시피에 많이 활용됩니다. 향이 진하고 익힐수록 부드러워져서 찌개나 국, 탕에도 활용하면 좋고, 잡내 제거에도 좋아서 감자탕 등에도 주로 활용됩니다.

Q 바라깻잎의 '바라'의 뜻은 무엇인가요?

A 잎을 수확할 때 부르는 용어로, 정상적인 잎보다 크기가 작거나 고르지 못한 것을 뜻합니다.

Q 바라깻잎은 바라깻잎, 순바라깻잎, 잎바라깻잎이 있다고 하는데 차이점은?

A 어린 순에서 수확한 줄기가 붙어있는 잎을 바라깻잎, 줄기 곁가지에서 나오는 잎을 순바라깻잎, 키가 크기 전에 잎을 제거한 것을 잎바라깻잎이라고 구분합니다.

바라깻잎은 일반 깻잎보다 식감이 살아 있어 무침으로 드셔도 좋고 향도 진해 찌개나 국에 넣어 먹어도 향긋하고 쫄깃하게 드실 수 있어요. 데쳐서 냉동 보관해 둔 깻잎은 달걀말이를 할 때 해동해 달걀에 얹어 말아도 좋고 주먹밥에 잘게 다져 만들어도 좋아서 알차게 활용할 수 있어요.

| 바라깻잎 달걀 탕 |

바라깻잎은 보통 무침으로 많이 드시는데 탕으로 끓여 먹으면 쫄깃한 식감과 진한 향을 즐기실 수 있어 좋아요. 별다른 간을 많이 하지 않아도 일반깻잎보다 향이 진해 저염식으로 드시기에 좋은 재료입니다. 바라깻잎 달걀 탕은 달걀이 단백질을 보충해주어 담백하게 드시기 좋은 간단한 탕 요리랍니다. 일반적인 달걀 탕에 바라깻잎만 넣어 준다고 생각하시면 훨씬 친근하게 느껴지실 거예요.

**재료&
만드는 방법**

바라깻잎	한줌	두부	1모
달걀	2개	찹쌀가루	1/4컵
전분가루	1큰술	홍고추	1개
쪽파	2줄	소금, 후추	약간
국간장, 다시마육수	약간	참기름	약간

❶ 바라깻잎, 두부를 곱게 다져 찹쌀가루, 전분가루를 넣어 치대며 반죽한다.

  (두부는 다진 후 꼭 종이행주로 수분을 충분히 제거해 주세요)

❷ 동글동글한 모양으로 한입 크기로 반죽을 만들어 전분가루 → 달걀물 순으로 묻힌 뒤에 기름을 두른 팬에서 굴려주며 센 불로 겉면을 살짝 익혀 준다.

❸ 냄비에 다시마육수가 끓으면 약 불로 2에서 만든 반죽을 넣어 주고 홍고추와 송송 썬 쪽파를 넣어준다.

  (팔팔 끓는 센 불로 동그란 반죽을 넣으면 모양이 무너질 수 있으니 주의하세요)

❹ 남은 달걀을 붓고 간을 맞춘 후 참기름으로 마무리한다.

FoodRan's Tip

저열량으로 다이어트식으로 좋고 소화가 잘 안 되거나 이가 약한 아이나 노인에게 좋아요!
찹쌀가루를 마트에서 사실 경우 찹쌀함량이 90% 이상인 것으로 구매하세요!

Chapter II

뿌리채소 제대로 알고 먹기

땅속에서 한겨울 추위를 견디고 자라는 뿌리채소는 모양은 투박하고 못생겼지만, 맛과 영양만은 그 어떤 채소보다 풍부합니다.

역사적으로 식물의 뿌리는 농부나 가난한 자들의 몫이었다고 합니다. 겉모습의 아름다움을 선호하는 귀족들은 못생긴 뿌리채소를 먹지않아 서민의 몫으로 돌아오게 된 것이죠. 하지만 식물의 근원이자 영양소의 저장 창고인 뿌리에는 비타민, 파이토케미칼, 다당류가 어떤 채소보다도 가득합니다. 다양한 모양과 색깔의 뿌리채소로 우리의 건강을 관리해보는 건 어떨까요?

고구마

9~11월 | 100g · 131kcal

추운 겨울 최고의 군것질거리, 대한민국 대표 다이어트 채소인 고구마는 고구마 자체만으로도 찐고구마, 군고구마, 맛탕, 샐러드 등 고구마가 가진 단맛과 포만감을 활용한 많은 요리법이 있다. 알칼리성 식품으로 비타민, 단백질, 미네랄, 식이섬유, 탄수화물 등 영양소가 골고루 들어 있어 영양균형이 좋은 음식재료다.

주요효능 위장을 튼튼하게 하고, 체력을 향상하며 이뇨·해독 작용이 있다.
피부미용 / 안구건조증 / 다이어트 / 변비예방 / 노화예방 / 성인병예방
(부작용) 소화가 잘 안 되는 사람은 피하는 것이 좋다.

싱싱 채소 구별법 들었을 때 가볍게 비어있는 느낌이 아닌 묵직한 것. 모양은 균일하게 통통한 것. 표면은 매끄럽고 윤기가 나며 상처가 없는 것.

올바른 세척법 껍질 부분까지 먹을 수 있기 때문에 얇은 껍질이 상처가 나거나 벗겨지지 않도록 부드럽게 흐르는 물에 골고루 씻어 준다.

똑똑한 보관법 저온에 보관하면 당분이 낮아지기 때문에 종이봉투나 소쿠리에 담아 통풍이 잘되는 그늘진 곳에 보관한다.

 # 무엇이든 물어보세요

Q 고구마는 열량이 낮지 않은데 왜 다이어트 식품으로 주목받나요? 다이어트 목적으로 고구마를 먹을 때 좋은 조리법은 무엇이 있을까요?

A 고구마는 수분이 풍부하며 필수아미노산과 식이섬유가 매우 많아서 배변 활동에 도움이 되며 포만감이 풍부하게 느껴집니다. 쪄서 먹으면 소화에 도움도 되고 포만감을 더욱 높일 수 있어요.

Q 고구마의 당 성분은 많이 섭취해도 괜찮은 건가요?

A 혈당이 낮은 저당식품으로 인위적인 화학첨가물의 당 성분이 아닌 천연의 단맛으로 괜찮습니다.

Q 고구마와 김치는 왜 궁합이 좋은 건가요?

A 김치의 유산균은 면역력을 높이며 항바이러스 효과가 있습니다. 다만 김치에 많이 들어가는 짠 성분을 걱정하시는 경우가 많은데 김치의 나트륨 성분은 고구마의 칼륨성분 때문에 염분이 잘 배출됩니다.

Q 고구마의 껍질에 영양성분이 풍부한가요? 껍질째 먹는 방법은 어떤 것이 있을까요?

A 고구마의 껍질은 전분을 분해하는 효소가 있어 함께 섭취 시 소화를 돕고 배 속에 가스가 차는 것을 방지해 줍니다. 또한, 항산화 물질인 안토시아닌 성분도 있어 아주 건강에 좋습니다. 껍질이 두껍거나 억세지 않아 함께 먹기에도 부담스럽지 않으며 고구마 과육이 가진 영양성분이 빠져나가지 않게 보호해 주는 역할도 합니다. 껍질째 썰어 굽거나 튀기거나 우유와 함께 갈아서 섭취하는 방법을 추천합니다.

고구마는 소화를 도와주는 식품과 궁합에 좋아요. 김치나 사과나 배와 같은 종류도 좋고 목이 메지 않고 더욱 흡수를 도와주는 요거트와 함께하면 변비에 아주 좋습니다. 고구마의 껍질에는 항산화 작용을 하는 안토시아닌이 들어 있어, 되도록 껍질째 드시는 게 좋아요.

| 고구마 사과구이 |

고구마 사과구이는 달콤한 고구마와 새콤한 사과의 맛이 어우러진 요리법으로 사과의 산 성분이 고구마의 소화흡수를 도와줍니다. 식이섬유와 비타민이 풍부한 메뉴로 부드럽고 아삭한 식감의 조화가 아주 좋은, 부담 없이 즐기는 건강 간식입니다.

고구마를 먹을 때 보통 김치와 곁들여서 먹는 건 소화를 돕기 위해서인데요, 사과와 함께 드셔도 소화촉진을 도울 수 있어 김치를 대체할 수 있습니다. 사과와 함께 드시면 더욱 새콤달콤한 풍미를 느낄 수 있습니다.

재료&
만드는 방법

찐고구마	2개	버터	1큰술
치즈가루	1큰술	밀가루(박력분)	3큰술

사과양념) 다진사과 1개 / 다진양파 1/6개 / 올리고당 2큰술 / 허브가루 1작은술

❶ 따뜻한 찐 고구마에 버터, 치즈가루, 밀가루를 넣어 으깨 준다.

  (따뜻할 때 으깨야 부드럽게 잘 으깨져요)

❷ 머핀 틀에 기름을 바른 후, 찐 고구마를 틀에 맞춰 얹어 준 다음, 분량의 사과 양념을 채워 준다.

  (머핀 틀에 기름을 발라야 완성 후 분리하기 수월해요)

❸ 190도 예열 된 오븐에 10분간 구워 준다.

사과 대신 배나 키위 등 다른 과일로 대체해 주어도 좋아요
오븐마다 열기가 다르니 중간마다 타지 않게 확인해 주세요

돼지감자

11~3월 | 100g · 52kcal

'뚱딴지'라고도 불린다. 돼지감자는 천연인슐린 덩어리라고 할 정도로 당뇨환자에 굉장히 좋은 채소이다. 식이섬유가 풍부해 다이어트에도 굉장히 좋다. 돼지감자는 아메리칸 인디언의 식량이었다고 한다. 유럽에서 중국을 건너 우리나라로 왔는데 유럽에서도 17세기부터 식용으로 사용되었다. 프랑스어로는 '폼드테르'라 하여 땅의 사과라는 뜻을 지니고 있다. 돼지감자의 속살이 사과처럼 투명하며 시원한 맛이 나기 때문에 그렇게 불린 것으로 추정된다.

주요효능　　열병의 열을 식히고 대량출혈을 그치게 한다.
당뇨예방 / 체지방분해 / 췌장기능강화 / 변비예방 / 다이어트 / 비만증예방
(부작용) 소화가 잘 안 되고 위장이 차거나 설사가 심한 사람은 피하는 것이 좋다.

싱싱 채소 구별법　　곰팡이가 없이 촉촉하고 상처 없이 단단한 것.

올바른 세척법　　일반 감자와 다르게 굴곡이 져 있기 때문에 찬물에 5~10분간 담근 후, 흐르는 물로 사이사이 틈새까지 깨끗이 씻어 준다.

똑똑한 보관법　　통풍이 잘되는 그늘진 곳에 신문지를 깔고 상자나 바구니에 담아 보관한다.

 # 무엇이든 물어보세요

Q 돼지감자는 돼지가 먹어서 붙여진 이름인가요? 돼지처럼 생겨서 붙여진 이름인가요?

A 돼지 코처럼 못생겼으며 옛날에는 사람이 먹지 않고 돼지나 먹는 감자라 하여 붙여졌다고 합니다.

Q 돼지감자에 독성이 있어 배탈이 났다는 사람들이 있는데 독성을 제거하는 방법이 있나요?

A 수확시기 맞춰 수확된 돼지감자는 일반적으로 독성이 없어요. 일반 감자와 똑같이 씨눈이나 싹이 생기면 그 부분에 솔라닌이란 독성성분이 있는데 이 상태로 드시면 배탈이 날 수가 있어요. 그 부분을 도려낸 후 섭취하시면 문제가 없으며 충분히 익혀 드시면 됩니다.

Q 돼지감자가 일반 감자와 비교했을 때 어떤 차이가 있나요?

A 돼지감자는 일반 감자보다 크기가 작으며 울퉁불퉁한 모양과 겉껍질에 흙이 진하게 묻어 있는 모습이에요. 색이 더욱 진하고 영양적으로는 저열량의 다당류인 이눌린성분이 일반 감자보다 75배나 많아 당뇨에 좋고 다이어트에도 효과가 있습니다. 일반 감자는 1kg에 대략 만 원~2만 원 수준인데 돼지감자는 1kg에 대략 2만 원~3만 원 정도로 비싼 편입니다.

비타민U가 풍부한 양배추와 함께하면 궁합이 좋은데요, 그냥 그 자체로만 즐겨 드셔도 좋아요. 일반 감자보다 영양소가 뛰어나기 때문에 생소하다고 생각하지 마시고 감자처럼 친숙하게 즐겨 드세요. 생으로 먹어도 좋지만 익혀 드셔도 좋은 데요, 너무 오래 익히면 물러지니까 무르지 않을 정도로만 익혀 드세요.

| 돼지감자피클 |

돼지감자는 물로 끓여 마시면 둥굴레차와 같은 구수한 향이 나는데요, 감자와 우엉의 중간 느낌 정도로 생각하시면 될 것 같아요. 생으로 먹어도 좋은데 이러한 돼지감자를 피클로 활용하면 곁들임 반찬으로 좋아요. 물김치나 깍두기로 활용해도 괜찮은 요리가 완성됩니다.

천연 다이어트 재료라고도 하는 돼지감자로 피클을 만드니 느끼한 파스타나 피자 같은 열량 높은 음식과 함께 섭취하면 열량 부담을 조금은 줄이실 수 있을 거예요.

재료& 만드는 방법

돼지감자	6개	적양배추	2장
청양고추	1개		

피클양념) 피클링스파이시 1큰술 /
설탕 1큰술 / 올리고당 3큰술 / 식초 1/4컵 / 물 2컵 / 소금 약간

❶ 돼지감자의 껍질을 벗겨 한입 크기로 썰어 찬물에 담근 후, 전분기를 빼준다.

(찬물에 10분 정도 담가두면 뽀얀 전분기가 빠지는데 그래야 텁텁하지 않은 피클을 즐기실 수 있어요)

❷ 적양배추는 사각으로 썰고, 청양고추는 송송 썰어 준다.

❸ 분량의 피클 양념을 한소끔 끓인 후 한 김 식혀 준다.

❹ 유리병에 재료를 담고 피클 양념을 부어 식힌 후 뚜껑을 덮어 냉장 보관한다.

(끓인 피클 양념은 한 김만 식히고 뜨거울 때 재료에 부어야 아삭한 피클을 즐기실 수 있어요)

> **FoodRan's Tip**
> 돼지감자 대신 일반 감자로 대체하여도 좋습니다

도라지

7~8월 | 100g · 83kcal

기관지에 좋은 도라지는 식이섬유, 칼슘, 철분, 비타민, 무기질이 풍부하며 특히 사포닌 성분이 풍부하다.

주요효능 폐에 열이 있어 숨이 차고 인후통과 가슴 옆구리가 아픈 것을 치료한다.
가래삭힘 / 혈당강하 / 콜레스테롤저하 / 감기예방
(부작용) 위장이 차갑고 냉한 사람은 피하는 것이 좋으며 약간의 독성이 있으므로 과잉섭취는 삼간다.

싱싱 채소 구별법 잔뿌리가 많고 마르지 않고 촉촉하며 흠집 없이 단단한 것. 향이 진하고 곧은 모양.

올바른 세척법 칼로 긁듯이 얇은 껍질을 돌려 벗겨주고 지저분한 잔뿌리는 제거해 준다. 소금을 약간 넣은 물에 도라지를 씻어 쓸쓸한 맛을 빼 준다.

똑똑한 보관법 껍질을 벗기지 않은 상태에선 신문지에 감싸 서늘하고 통풍이 잘되는 곳에 보관하고 껍질을 벗긴 상태면 랩에 감싸 냉장 보관해 준다.

 # 무엇이든 물어보세요

Q 도라지가 기관지에 좋다는데 그 이유는 왜인가요?

A 도라지는 사포닌과 이눌린 성분이 많이 함유되어 있어 폐와 기관지에 좋습니다.

Q 도라지와 대추, 배, 파 뿌리 등과의 궁합은 실제로 좋은가요?

A 각각 다른 성분들로 감기와 기관지, 기력회복에 좋은 효능을 갖고 있어 함께 끓여 먹으면 그 효과가 더욱 높아집니다.

Q 깐 도라지는 까지 않은 도라지보다 영양성분이 떨어지나요?

A 껍질째 판매되는 도라지가 본연의 영양과 풍미를 보존하고 있기 때문에 더욱 좋습니다. 까져 있는 도라지나 나물용으로 손질된 도라지는 작업과 세척을 거치는 과정에서 맛과 영양소가 감소 될 수 있습니다.

Q 약도라지는 일반 도라지와 무엇이 다른 건가요?

A 약도라지는 3년 이상 키운 도라지를 가리키며 일반도라지보다 사포닌 함량이 배로 높습니다.

도라지 껍질을 벗긴 후 쓴맛 제거와 갈변 방지를 위해 식초를 넣은 물에 담가 두었다가 사용하면 좋아요. 도라지는 그 자체로 썰어 요리해도 좋지만 갈거나 다져서 드레싱이나 소스에 응용해도 여러 요리와 궁합이 좋습니다.

| 도라지 땅콩 볶음 |

도라지 땅콩 볶음은 도라지의 쌉쌀한 맛과 땅콩의 고소함이 어우러진 볶음 메뉴예요. 소스에 들어가는 꿀이 도라지의 쓴맛을 잡아주고 도라지의 향긋함을 더욱 느낄 수 있게 해주는데 도라지 땅콩 볶음은 기관지에도 좋지만, 노화방지에 좋습니다. 도라지를 나물반찬이나 비빔밥, 그리고 차로 많이 드시지만 이렇게 소스에 볶아 먹으면 더욱 친근하게 드실 수 있어요.

재료&
만드는 방법

도라지	3뿌리	땅콩	1/2컵
고추칠리소스)	칠리소스, 꿀 2큰술 / 다진청양고추 1큰술 / 고추장 1작은술		

❶ 도라지 껍질을 벗긴 후 가늘게 채 썰어 준다.

   (도라지 껍질은 굉장히 얇아서 필러로 벗기는 것보다 칼등으로 가볍게 긁어 벗기시는 게 쉽고 빨라 좋아요)

❷ 기름을 두른 팬에 도라지, 땅콩을 볶다가 분량의 고추 칠리소스를 넣어 좀 더 볶아 준다.

더덕

1~4월 | 100g · 55kcal

몸에 좋아 산야초라 불리는 더덕은 인삼 못지않은 귀한 음식재료다. 식이섬유, 이눌린, 플라보노이드, 사포닌이 풍부하다. 뿌리 모양에 따라 수컷과 암컷으로 나뉘는데 매끈하고 쭉 뻗은 모양이 수컷이며 통통하고 잔뿌리가 많은 게 암컷이라고 한다. 요리에는 수컷 형태가 더욱 맛있다.

주요효능 호흡기를 강화시키며 해독작용이 있어 고름과 염증을 치료한다.
기침완화 / 감기예방 / 기관지강화 / 갈증해소 / 가래해소 / 혈액순환 / 후두암예방 / 항암효과 / 노화예방
(부작용) 위장이 약하거나 잘 붓는 사람은 과잉섭취를 피하는 게 좋다.

싱싱 채소 구별법 물렁거리지 않고 단단하며 굵직한 것. 표면의 주름 골이 선명하게 파여 있는 것. 속이 하얗고 끈끈한 진액이 있는 것.

올바른 세척법 거즈나 부드러운 수세미로 겉면의 흙을 문질러 깨끗이 씻어 내준 후 칼로 돌려 깎듯이 껍질을 뜯어 준다. 너무 단단한 경우 따뜻한 물에 담가 두어 불려 준 후 벗기면 수월하다.

똑똑한 보관법 껍질을 벗기지 않은 상태에선 신문지에 감싸 서늘하고 통풍이 잘되는 곳에 보관하고 껍질을 벗긴 상태면 랩에 감싸 냉장 보관해 준다.

 무엇이든 물어보세요

Q 더덕과 도라지는 마치 단짝처럼 느껴지는데 유사점과 차이점은 무엇인가요?

A 둘 다 뿌리가 굵고 자르면 흰색 즙액이 나옵니다. 사포닌 성분이 있어 기관지와 폐 건강에 좋은 약용 효과도 동시에 갖고 있습니다. 차이는 더덕보다 도라지가 쓴맛이 덜하고 진액이 적은 편입니다.

Q 더덕은 껍질을 벗겨 내기가 어려운데 쉽게 껍질을 벗기는 방법이 없을까요?

A 더덕 껍질 쪽을 불에 달구어 벗기거나 따뜻한 물에 담가 두었다가 살짝 껍질을 불린 후 벗기면 잘 벗겨집니다.

Q 더덕 효능이 좋은 시기는 언제인가요?

A 10월, 11월 시기(가을 파종)가 약효가 가장 풍부한 시기라고 합니다. 또한, 이 시기에 감기 예방을 해야 할 시기라 더욱 좋은 효과를 기대할 수 있습니다.

Q 더덕은 찬 성질인가요, 더운 성질인가요?

A 더덕은 열을 내리게 하고 해독작용이 있으며 혈압을 낮춰 주는 찬 성질의 음식재료입니다. 고혈압과 혈액순환에 좋습니다.

더덕의 쓴맛을 보완하기 위해서 달콤한 재료와 함께 곁들이면 좋습니다. 구워서 먹으면 쓴맛이 사라지고 더덕의 고소함이 강해져 더덕의 풍미를 즐기실 수 있어요. 더덕과 고추장소스를 함께 사용할 때 고추장 소스에 간 토마토를 함께 섞으면 비타민 섭취에도 좋고 염분배출에도 도움이 됩니다.

| 더덕소스 목살구이 |

도라지의 남자친구 같은 느낌의 더덕은 보통 더덕구이로 많이 드시는데 소스로 활용하면 자극 적이지 않게 더욱 많이 드실 수 있어요. 더덕을 갈아서 소스로 활용하면 더욱 진한 더덕 향을 느낄 수 있고 고기의 누린내도 제거해 고기를 더욱 맛있게 먹을 수 있습니다.

더덕소스는 육류와 같이 먹기에 맛의 조화도 좋고, 더덕과 돼지고기 모두 찬 성질이기 때문에 고혈압에 좋은 요리입니다. 여기에 곁들이는 양파와 양배추는 별도의 드레싱을 추가하지 않고 더덕소스의 간만으로 함께 섭취해 드시면 염분조절을 해주어 저염식으로 드시기 좋아요.

소스와 함께 굽는 형식이라 삼겹살보다는 기름기가 적은 목살이 적합합니다. 삼겹살은 돼지갈 비에 붙어있는 살로 비계와 살이 세 겹으로 보인다고 해서 삼겹살인데 서양에선 베이컨, 중국 에선 동파육으로 많이 활용해요.

재료&
만드는 방법

구이용목살	3장	양배추	2장
양파	1/6개	새싹	적당량
맛술	1큰술		

더덕소스) 더덕 1뿌리 / 간장 2큰술 / 맛술, 물 2큰술 / 설탕 1큰술 / 땅콩 1/2컵

❶ 맛술로 목살에 밑간해준 후, 마른 팬에 초벌구이한다.

  (센 불로 고기 양면에 핏기가 없어질 정도로만 구워주세요)

❷ 분량의 더덕소스는 믹서기에 곱게 갈아준다.

❸ 목살에 더덕소스를 발라가며 중 약 불로 노릇하게 구워 준다.

  (소스를 바르면 바를수록 타기 쉬워지니 불 조절에 유의하세요)

❹ 양배추, 양파를 채를 썰어 새싹채소와 섞어 곁들여 준다.

> **FoodRan's Tip**
> 목살처럼 기름기가 적은 육류로 해주셔야 구우면서 기름이 많이 생기지 않아요

당근

9~11월 | 100g·37kcal

홍당무라고도 불리는 당근은 칼슘, 식이섬유, 베타카로틴, 비타민A, 리코펜 성분이 풍부하다. 녹황색 채소 중 베타카로틴 함유량이 가장 높은 것으로 유명한 당근은 눈 건강에 굉장히 좋아 토끼와 말이 당근을 많이 먹어서 안경 쓴 토끼와 말이 없다는 유머가 있을 정도다. 특히 기름에 살짝 볶아 먹으면 비타민A 영양소 섭취를 더욱 높일 수 있다.

주요효능 열을 식혀 눈을 밝게 하고 위장의 습기를 제거하며 독을 제거한다.
혈액순환 / 피로회복 / 변비예방 / 항암작용 / 피부미용 / 면역력강화
(부작용) 위장이 차가운 사람은 피하는 것이 좋다.

싱싱 채소 구별법 꼭지 부분에 싹이 나지 않고 짙은 주황색을 띠고 모양과 표면이 매끄러운 것.

올바른 세척법 흐르는 물에 깨끗이 흠집이 안 나게 씻어 준다.

똑똑한 보관법 흙이 묻은 채 그대로 통풍이 잘되는 그늘진 곳에 신문지에 감싸 보관해 준다. 씻은 후에는 랩에 싸서 냉장 보관해 준다.

무엇이든 물어보세요

Q 당근과 오이는 왜 상극인가요?

A 당근에 함유된 아스코르비나아제 성분이 오이의 비타민C를 파괴한답니다.

Q 당근을 익히면 생당근과는 달리 단맛이 사라지고 식감도 안 좋은데 익힌 당근을 거부감 없이 먹을 수 있는 방법이 없나요?

A 다른 채소와 달리 익은 당근을 안 좋아하는 분들이 많은데 아예 갈아서 베이킹 반죽과 샐러드 드레싱에 넣어 사용하시면 거부감 없이 즐기실 수 있어요.

Q 당근을 싫어하는 아이를 위한 좋은 요리 방법은 없을까요?

A 당근의 향이 많이 느껴지지 않게 하는 게 중요한데요, 아이들이 좋아하고 면역력에도 좋은 카레를 활용하는 것도 좋은 방법이라고 생각됩니다. 당근을 갈아서 카레와 함께 끓이면 색깔도 일반 카레와 비슷해서 티도 안 나고 향도 카레 향 때문에 잘 느껴지지 않은 채로 많은 양의 당근을 섭취할 수 있어요.

Q 아침에 당근과 사과를 갈아 마시면 왜 좋은가요?

A 카로틴과 비타민A가 풍부한 당근과 비타민과 칼륨이 풍부한 사과가 함께하면 비타민 효능을 상승시키고 펙틴성분이 높아져 대장기능에 좋습니다. 아침에 주스로 마시면 피로회복과 면역기능 향상에 좋아 하루를 활기차게 시작하는 데 도움이 돼요.

당근은 지용성 비타민이 풍부해 기름에 볶거나 가열해서 먹으면 흡수력이 더욱 뛰어납니다. 생으로 먹는 것도 좋지만 가볍게 볶거나 요리에 함께 익혀 먹으면 훨씬 건강하게 먹을 수 있는 특징이 있습니다. 당근을 보조 재료로만 생각하지 마시고 주재료로도 활용해 보세요 당근 잼을 만든다거나 당근을 갈아 드레싱으로 만들어 먹어도 당근의 영양과 맛을 모두 즐길 수 있어요.

| 당근카레 우동 |

당근카레 우동은 제가 강력히 추천하는 메뉴 중 하나인데요, 아이뿐만 아니라 어른들도 익은 당근은 물컹거려서 안 먹는다고 하시는 분들이 많이 계시는데요, 그런 당근을 거북하지 않게 통째로 섭취할 수 있는 요리랍니다. 당근 특유의 향은 카레가루가 잡아주고 갈아서 사용하기 때문에 우동소스의 농도처럼 느껴져서 아이들은 당근이 들어간 지도 모르고 먹게 된답니다. 기호에 따라 밥이랑 곁들여 먹거나 떡볶이로 변형해서 드셔도 좋아요.

많은 양을 한 번에 소스로 만들어 둘 경우엔 봉지에 나누어 담아 냉동보관 한 후 필요하실 때마다 해동해서 드시면 돼요. 당근을 이와 같은 메뉴로 활용하시면 많은 비타민A를 손쉽게 섭취하실 수 있어요.

재료&만드는 방법

당근	1개	카레가루	3큰술
닭안심살	1덩이	파프리카	1/4개
감자	1/2개	양파	1/6개
브로콜리	1/4송이	우동면	1봉
물	2컵		

❶ 당근을 믹서에 물과 함께 갈아 준다.

❷ 재료들은 한입 크기로 썰어 준다.

❸ 기름 두른 팬에 센 불로 닭 안심과 채소를 볶다가 카레가루를 넣어 볶아준다.

　(볶을 때 눌어붙을 것 같으면 물을 한두 큰술 끼얹어가며 볶아 주세요)

❹ 간 당근 물을 넣어 끓여 준다.

❺ 우동 면은 삶은 후 그릇에 담고 당근카레 소스를 부어 준다.

　(우동 면은 끓는 물에 넣고 풀어지면 그릇에 담아주세요)

> **FoodRan's Tip**
>
> 우동 면은 뜨거운 당근 카레소스와 곁들이면 면이 더욱 잘 익기 때문에 삶을 때 너무 푹 삶지 않게 주의하세요. 당근을 편식하는 아이들에게 아주 좋은 메뉴예요!

래디쉬

10~4월 | 100g · 29kcal

뿌리채소 계의 미스코리아로 불리는 래디쉬는 유럽이 원산지이며 붉은 톤으로 플레이팅 할 때에 많이 활용된다. 단백질, 식이섬유, 칼슘, 비타민B 등이 풍부하며 잎까지 버릴 것이 없는 영양소로 꽉 찬 앙증맞은 채소이다.

주요효능　혈액순환을 좋게 하고 통증을 없애며 소변을 잘 보게 한다.
혈액순환 / 동맥경화예방 / 콜레스테롤저하 / 빈혈예방 / 소화촉진 / 해독작용 / 피부노화방지
(부작용) 열성 질환을 앓는 사람은 피하는 것이 좋다.

싱싱 채소 구별법　빨간색의 알이 흠집 없이 선명한 색을 띠며, 붙은 줄기 잎은 시들지 않고 파릇파릇한 것. 알이 단단하고 물컹거리지 않은 것.

올바른 세척법　달린 잎을 떼어내고 흐르는 물에 알을 깨끗이 씻어 준다.

똑똑한 보관법　손질하기 전 상태에선 종이행주에 감싸 위생봉투에 넣어 냉장 보관해주고 손질된 상태에선 종이행주에 물을 가볍게 묻혀 감싼 다음 지퍼백에 넣어 냉장 보관해 준다.

 **무엇이든 물어보세요**

Q 래디쉬 잎을 먹어도 되나요?

A 잎 또한 영양소가 풍부하여서 너무 억세거나 거친 잎만 제거하고 물김치나 겉절이, 샐러드나 주스로 활용해서 섭취하면 좋습니다.

Q 래디쉬는 대체로 슬라이스 하여 샐러드 등에 올려 먹는데 크기도 작은데 통째로 잘 먹지 않는 이유는 무엇인가요?

A 알 크기가 작지만, 속 단면이 예뻐서 슬라이스로 모양을 내는 경우가 많은 것 같습니다. 보통 래디쉬는 슬라이스를 하여 샐러드에 함께 섞는데 그냥 통째로 넣을 땐 래디쉬의 알싸한 맛을 살려주는 데에 한계가 있습니다. 생으로 먹을 때는 슬라이스 하여 사용하는 게 좋지만 가열하거나 절여 먹을 땐, 통으로 사용해도 좋습니다.

Q 래디쉬는 무와 맛이 비슷한데 영양 성분도 비슷한가요?

A 같은 무과여서 비슷하나 무는 소화 쪽에 더욱 효과가 있고 래디쉬는 혈액순환 쪽에 더욱 효과가 있다고 합니다.

래디쉬는 보통 샐러드에 슬라이스로 썰어서 많이 먹는데 무의 풍미가 그대로 있어요. 국, 찌개, 볶음, 조림 요리에 언제든지 넣어서 활용해주면 래디쉬를 훨씬 폭넓게 섭취하시게 됩니다. 그대로 구워서 먹어도 래디쉬의 매력을 느낄 수 있어요.

| 래디쉬 꿀 조림 |

무의 맛이 나는 래디쉬는 슬라이스 하여 샐러드에 곁들인 경우를 자주 보셨을 텐데요, 속이 하얗고 겉은 붉은빛이라 예쁘고 앙증맞게 연출하기 좋아요. 천연소화제로 식후에 그냥 생으로 한 알씩 씹어 드셔도 좋은데요, 래디쉬 꿀 조림은 꿀과 함께 조리하여 쓴맛을 중화시켜 식후나 식사 때 함께 먹으면 소화 작용에 도움이 되는 음식입니다. 너무 오래 익히면 예쁜 빛깔이 많이 사라지고 물어지니 주의하세요!

재료& 만드는 방법

래디쉬	2팩	호두	1/4컵
콩가루	1큰술		

꿀양념) 꿀 3큰술 / 맛술 1큰술 / 간장 1큰술 / 매실청 1큰술 / 물 1/4컵

❶ 래디쉬는 알맹이만 따서 준비한다.

　(줄기 부분은 생으로 샐러드에 활용해도 좋아요)

❷ 냄비에 꿀 양념을 넣어 끓여 준다.

❸ 래디쉬, 호두를 넣어 보통 불에서 조려준다.

❹ 콩가루를 뿌려 마무리한다.

FoodRan's Tip
콩가루 대신 계핏가루를 대체해도 좋아요!

마

9~2월 | 100g · 99kcal

산에서 나는 보약, 산속의 장어라고도 불리는 채소이다. 천연 자양강장식품으로 뮤신 성분이 많이 들어있고 식이섬유, 칼륨, 칼슘, 인 등이 풍부한 뿌리채소이다.

주요효능　위장을 튼튼하게 하며 설사를 그치게 하고 기운이 나게 하며 정액이 새는 것을 막는다.
다이어트 / 변비예방 / 노화방지 / 위장보호 / 소화촉진 / 면역력강화 / 고혈압예방
(부작용) 알레르기 증상이 있는 사람은 복용을 조심하는 게 좋다.

싱싱 채소 구별법　굵직하며 껍질 표면에 상처가 없고 균일한 것. 절단했을 때, 색이 하얗고 끈끈한 점액질이 많은 것.

올바른 세척법　흐르는 물에 문지르듯이 골고루 씻어 준다.

똑똑한 보관법　흙이 묻어있는 상태에서 통풍이 잘되는 서늘한 곳에 종이봉투에 담아 보관해 준다. 사용 후 남은 것은 단면에 식초를 섞은 물을 발라서 랩으로 감싼 후 위생봉투에 담아 냉장 보관한다.

 # 무엇이든 물어보세요

Q 마를 썰어서 보관하면 노랗게 변색하던데 갈변을 방지할 방법이 없을까요?

A 식초를 탄 물에 담그거나, 삶을 때 끓는 물에 식초를 약간 떨어뜨리면 산화 방지와 갈변 방지를 해줄 뿐 아니라 살균작용까지 도와줍니다.

Q 마는 주로 생으로 먹기를 권하는데 익히거나 가루로 만들어 먹어도 되나요?

A 마에는 다양한 영양성분이 있지만, 그중에서도 뮤신 성분이 가장 탁월한 채소입니다. 생으로 먹을 때 끈끈한 점액질인 뮤신 성분을 가장 잘 섭취할 수 있어 생으로 먹기를 권합니다. 뮤신 성분은 소화작용과 위를 튼튼하게 만드는 효과가 있는데, 가루로 만들거나 익혀 드셔도 상관은 없지만, 효과가 감소할 수 있습니다.

Q 다른 뿌리채소에 비하여 마가 비싼 이유는?

A 산지에서 직접 재배하며 재배 지역이 그렇게 많은 편은 아니라 그렇습니다. 또한, 산속의 장어, 산속의 보약이라 할 정도로 약효가 뛰어난 것도 가격에 영향을 끼치고 있습니다.

마는 위장에 굉장히 좋아 우유나 과일과 함께 갈아 마시면 위장 보호 및 속 쓰림에 좋을 뿐만 아니라 피부미용에도 도움이 된다고 해요. 마를 익혀 먹으면 감자와 같은 고소한 풍미로 부담 없이 즐기실 수 있어요, 찌개나 볶음 요리에 넣어 드시면 좋은 건강식이 되니 자주 찾아 즐겨 드세요.

| 오렌지 마구이 |

마는 마트에서 만날 수 있지만, 그냥 지나치기 쉬운 채소 중 하나일 텐데요. 영양도 영양이지만 맛이 굉장히 고소한 채소입니다. 위에 부담이 없어 위장이 약하신 분들에게 좋은 요리 재료이 기도 합니다. 생으로 갈아서 주스로 마시거나 오코노미야끼와 같은 일본식 전의 반죽에 갈아 넣기도 하지만 이렇게 구이로 드시면 구운 감자처럼 더욱 마를 색다르게 즐기실 수 있습니다. 마는 구우면 특유의 점액질 물이 겉면을 바삭하게 하여 속은 부드럽고 겉은 바삭한 식감이 연 출되는데 '오렌지 마구이'는 자칫 느끼하게 받아들일 수 있는 맛에 상큼한 오렌지소스를 더해 샐러드처럼 부담 없이 드실 수 있는 핑거푸드식 간식메뉴입니다.

재료& 만드는 방법	마	200g	쪽파	2줄기
	오렌지소스)	오렌지 1/2개 / 홀그레인머스타드 / 빵가루 2큰술 / 치즈가루 1큰술		

❶ 껍질을 벗겨 마를 1cm 두께로 슬라이스 해 주고 쪽파는 송송 썰어 준다.

❷ 분량의 오렌지소스를 믹서에 갈아 마 위에 한 큰술씩 쪽파와 함께 얹어 준다.

❸ 190도로 예열 된 오븐에 10분간 구워 준다.

FoodRan's Tip
마를 썬 후 식초를 섞은 물에 담가 갈변을 방지해주세요!

마카

11~4월 | 100g · 53kcal

페루의 산삼이라고 불리는 마카는 스테미너 식품으로 널리 알려졌다. 사포닌이 풍부하여 면역력 향상과 항암효과에 탁월하며 이 밖에도 칼슘, 미네랄, 철분, 엽산, 아연이 풍부하다.

주요효능 비뇨 생식계통을 강화하고 뼈를 튼튼하게 한다.
면역력향상 / 정력증진 / 갱년기증상완화 / 산모건강증진 / 골다공증예방 / 성장발육 / 항암작용
(부작용) 갑상샘에 문제가 있거나 모유 수유 중이면 피하는 것이 좋다.

싱싱 채소 구별법 쭈글쭈글하거나 물컹거리지 않고 단단한 것. 줄기가 곧고 튼실하며 줄기가 많이 까져 있지 않은 것.

올바른 세척법 흐르는 물에 흙이 묻어 있는 부분을 줄기와 뿌리까지 깨끗이 씻은 다음, 필러를 활용해 겉껍질을 벗겨 준다.

똑똑한 보관법 바로 조리하지 않을 경우, 신문지에 흙이 묻어 있는 채로 감싸서 서늘한 실온에 상자나 바구니 안에 넣어 보관한다. 오래 두고 먹으면 채를 썰어 통에 담아 냉동 보관해 요리 시에 그때그때 꺼내어 사용한다.

 # 무엇이든 물어보세요

Q 페루의 산삼이라고 불리던데 정말 산삼이랑 효능이 비슷한가요?

A 마카에는 사포닌, 아미노산, 미네랄, 비타민, 아연, 철분 등이 풍부해 산삼의 효능과 비슷합니다. 철분은 더덕보다 10배, 아연은 부추보다 11배, 칼슘은 마늘보다 26배, 아르기닌은 굴의 1.5배나 되어 슈퍼푸드로 불리며 페루의 산삼으로 비유되기도 합니다.

Q 마카를 건강보조식품의 종류로 분말로 가공하여 판매되는 경우가 많은데요, 이를 요리에 활용하는 방법이 있을까요?

A 마카 가루는 물에 타서 보통 음료로 마시는데, 양념장이나 드레싱 등에 섞어 활용하거나 생선이나 고기의 잡냄새를 없애는 데 활용하면 좋습니다. 생강을 대신하여 장어와 함께 곁들여 드셔도 좋습니다.

마카 특유의 알싸한 향과 맛은 생강과 비슷한데요, 그래서 생강을 대신하여 요리에 사용하면 좋습니다. 가늘게 채를 썰어 회나 고기를 먹을 때 함께 곁들여 먹어도 좋고 백숙이나 생선찜에 넣으면 누린내, 비린내 등 잡냄새를 잡을 수 있습니다. 풍미도 고급스럽게 살릴 수 있으며 원기회복과 면역력 향상에도 효과가 탁월하여 성장기 아이들의 영양식으로 활용하셔도 좋습니다.

| 마카 소고기덮밥 |

마카 소고기덮밥은 몸이 냉한 분이 드시면 아주 좋은데요, 마카의 알싸한 풍미와 소고기의 담백한 맛이 굉장히 잘 어울리는 든든한 보양식 덮밥이에요.

**재료&
만드는 방법**

마카	1개	다진소고기	100g
양파	1/6개	당근	5cm×2cm
느타리버섯	30g	달걀	1개
밥	1공기	실파	2줄기

덮밥소스) 간장 3큰술 / 맛술, 설탕, 올리고당 1큰술 / 가쓰오육수 1/2컵

❶ 마카, 양파, 당근, 버섯을 가늘게 채 썰어 준다.

❷ 팬에 재료와 다진 소고기를 볶다가 분량의 덮밥소스를 부어 센 불로 끓여 준다.

❸ 보통 불로 줄여 풀은 달걀을 얹고 파를 뿌려 익혀준다.

   (달걀은 살짝만 풀어 몽우리가 남아 있게 해주세요)

❹ 밥 위에 그대로 얹어 준다.

FoodRan's Tip
가쓰오육수는 가쓰오부시 또는 가쓰오원액을 이용하세요!

무

12~3월 | 100g · 21kcal

무는 우리나라 사람이 즐겨 먹는 대표 채소 중 하나로 '무도사 배추도사'의 이야기가 있을 정도로 배추만큼 많이 먹는 대중적인 채소다. 특히 겨울 무가 달고 맛있는데 수분과 비타민C, 아밀라아제, 루틴, 식이섬유, 칼슘이 풍부하고 저열량으로 다이어트와 소화에 좋은 채소이다.

주요효능 소화를 도와주며 관절을 이롭게 하고 기침을 멈추게 한다.
소화촉진 / 이뇨작용 / 해독작용 / 기침·가래완화 / 다이어트
(부작용) 위장이 약한 사람은 과잉섭취를 피하는 것이 좋다.

싱싱 채소 구별법 꼭지가 시들지 않고 무청 줄기 부분이 달린 것. 껍질에 흠집과 상처가 없는 것, 무 겉면이 갈라진 것은 당도로 말미암은 현상으로 무가 달다는 뜻이다.

올바른 세척법 흐르는 물에 깨끗이 문지르며 씻어 준다.

똑똑한 보관법 신문지에 싸서 통풍이 잘되는 서늘한 곳에 보관해 준다. 요리 후 남은 절단된 무는 랩에 감싸 단면이 공기와 만나지 않도록 냉장 보관해 준다. 무청이 함께 붙어있는 무라면 함께 보관하지 말고 무청 부분은 잘라서 신문지에 감싸 냉장 보관한다.

 # 무엇이든 물어보세요

Q 무의 초록색 부분과 흰색 부분의 맛이 차이가 있다는데 영양성분도 차이가 있나요?

A 무 밑단의 뿌리 쪽인 하얀 부분은 맵고 시원한 맛이 더 강해 육수나 국, 조림, 찌개 위주로 주로 활용하고 줄기의 위 부부인 초록색 부분은 입자감이 더욱 단단하고 단맛이 강해 생채 무침 위주로 활용하기에 좋아요. 무의 흰 부분이 매운맛이 더 강하며 항암작용을 하는 영양성분도 더욱 많다고 합니다.

Q 일반 무와 총각무 그리고 순무의 영양소 차이는 어떠한가요?

A 전체적인 무의 영양성분은 비슷합니다. 총각무는 해독작용과 소염작용이 더욱 뛰어나고 순무는 폐와 기관지 관련한 영양성분이 더욱 좋아 기침과 가래약으로 쓰입니다.

Q 무가 당도가 높으면 갈라짐 현상이 생긴다는데 인위적으로 상처 난 것과 구별하는 방법이 있을까요?

A 인위적인 상처는 겉면이 다른 무언가와 부딪혀서 겉껍질 쪽이 벗겨지거나 파인 것이며 당도 때문에 갈라진 것은 파인 상태나 긁힌 상태가 아니라 자연스럽게 벌어져 금이 간 것으로 맨 눈으로 식별할 수 있습니다.

Q 총각무를 국이나 조림에 넣어 요리하면 안 되는 건가요?

A 총각무는 단단하고 쓴맛이 있으며 일반 무보다는 시원한 맛이 별로 없으므로 절여서 김치로 주로 활용되고 있습니다.

무는 시원한 국물 맛을 내기에도 좋아서 남은 자투리들은 육수에 활용하면 좋아요. 라면을 끓일 때도 무를 조금 넣어 함께 끓이면 염분도 낮추고 시원한 맛을 낼 수 있어요. 무는 소화 작용에 굉장히 좋은데 익힌 것보다 생으로 드실 때, 그 효과가 더욱 커집니다. 생즙을 내어 마셔도 좋은데 간 무는 보통 메밀 면에 섞어 먹는 경우를 많이 접하셨을 거예요. 생선구이 위에 같이 얹어 먹거나 양념간장에 섞어 먹으면 소화도 돕고 비린 맛도 제거할 수 있어요.

| 무 밀크 스테이크 |

무는 깍두기나 무생채, 또는 국이나 찌개에 정말 많이 활용되는 한식에 빠질 수 없는 채소인데요, 스테이크 형식으로 변형하여 건강한 서양식 퓨전 요리에 활용해 봤습니다. 무의 알싸한 매운맛과 크림소스의 고소한 맛이 만나 더욱 풍미를 높여주며 고기가 아닌 채소를 통째로 섭취할 수 있어 저열량 건강식 메뉴로 좋아요. 무 밀크 스테이크를 통해서 무의 또 다른 매력을 찾으실 수 있을 거예요.

**재료&
만드는 방법**

무		150g	무순		약간

가루양념) 치즈가루 2큰술 / 파슬리가루 1큰술 / 빵가루 3큰술

밀크소스) 베이컨 1줄 / 통마늘 3톨 / 우유 1컵 / 슬라이스치즈 1장 / 로즈메리 1줄기

❶ 무의 껍질을 벗겨 2.5cm 두께로 썬 다음, 무를 끓는 물에 부드럽게 삶아 준다.

  (젓가락으로 찔렀을 때, 부드럽게 들어가는 정도로 익혀주세요)

❷ 삶은 무는 분량의 가루 양념과 버무려 기름을 두른 팬에 양면을 노릇하게 구워 준다.

❸ 베이컨, 통마늘을 잘게 썰어 팬에서 센 불로 노릇하게 볶다가 분량의 크림소스 재료를 넣어 끓여 준다.

❹ 접시에 구운 무와 무순을 얹은 후 밀크소스를 곁들인다.

밀크소스의 농도는 식었을 때를 생각하여 너무 끓이지 않도록 주의하세요!

비트

3~6월 | 100g · 45kcal

비트는 '젊음의 묘약'이라고 불리는 항산화 효과가 뛰어난 붉은색 채소이다. 전체가 붉은색 인 만큼 안토시아닌 성분이 탁월하다. 그뿐만 아니라, 비타민, 칼륨, 칼슘, 식이섬유, 미네랄 또한, 풍부하다.

주요효능 노화를 방지하고 빈혈을 예방해주는데 탁월한 효능이 있다.
빈혈예방 / 항암효과 / 숙취해소 / 노화방지 / 지방간개선 / 성인병예방 / 고지혈증개선 / 유아발육
(부작용) 위장이 약한 사람은 과잉섭취를 피하는 것이 좋다.

싱싱 채소 구별법 거뭇거뭇한 상처가 없고 깨끗하게 붉은 빛깔을 띠고 있으며 단단한 것.

올바른 세척법 흐르는 물에 깨끗하게 씻는다.

똑똑한 보관법 랩에 감싸 공기가 통하지 않게 냉장 보관한다.

무엇이든 물어보세요

Q 많이 먹으면 부작용이 있다고 하는데 비트를 많이 섭취해도 되는 건가요? 하루 권장량은 어느 정도인가요?

A 비트는 큰 부작용이 딱히 있는 건 아닙니다. 철분을 많이 함유하고 있어서 적혈구생성과 혈액조절에 효과가 탁월한데 과잉섭취하면 피가 잘 안 멈출 수 있습니다. 한 번에 50g 정도의 섭취가 적당하다고 합니다.

Q 비트와 같이 갈아먹으면 좋은 채소는 무엇이 있나요?

A 비트에 부족한 단백질을 보충할 수 있는 삶은 콩이나 연두부를 함께 갈아 마시면 좋습니다. 또는 사과와 당근과 함께 갈아 마시면 비타민C가 풍부해져 피부미용에 도움이 됩니다.

Q 서양에서는 비트를 일반적으로 삶아 먹는다는데 사실인가요?

A 비트를 삶으면 더욱 맛이 달고 고소해지기 때문에 서양 사람들은 삶아서 껍질을 벗겨 샐러드 토핑으로 먹거나 즙을 내어 반죽이나 소스로 활용해서 먹는 것을 즐깁니다.

비트는 붉은색이 특징인데요, 그 색감을 활용해서 반죽이나 피클로 많이 활용해요. 채썰어 찬물에 살짝 담갔다가 수분을 빼준 후 유자청이랑만 버무려서 육류요리와 곁들여 먹어도 굉장히 좋은 맛을 느낄 수 있어요. 색이 진하다 보니 일반 도마에 그냥 사용하면 도마 표면이 붉게 물들 수 있으니 종이호일을 깔고 썰어 주시면 좋아요.

| 비트 닭 칼국수 |

정열적인 붉은색을 띠는 비트는 피클로 담가서 자주 먹곤 하는데요, 면 반죽에 넣어 요리하면 빛깔도 예쁘지만 먹는 느낌도 더욱 쫀득해지고 영양소가 풍부한 면 요리를 완성할 수 있습니다. 비트 닭 칼국수는 철분이 풍부해 빈혈에 좋고 부족할 수 있는 단백질을 닭고기가 보충해주어 부담 없이 드실 수 있는 저열량 보양식입니다.

재료 & 만드는 방법

비트	50g	닭가슴살	1/2개
표고버섯	1개	애호박	1/4개
청양고추	1개	밀가루	1컵
올리브유	1큰술	소금, 후추	약간
다진마늘	1작은술		

육수) 무 50g / 다시마 1장

❶ 비트를 믹서에 갈아 체에 걸러 나온 즙과 밀가루, 올리브유, 소금을 넣어 반죽해 위생봉투에 넣고 1시간 정도 냉장고에서 숙성시킨다.

　(비트를 갈 때 물을 살짝 넣어 갈면 잘 갈려요)

❷ 닭가슴살을 육수 재료와 함께 우려낸 후 결대로 잘게 찢어준다.

　(닭가슴살 속이 하얗게 다 익을 때까지 우려 주세요)

❸ 고추를 송송 썰고 버섯, 양파, 애호박을 채 썰어 준다.

❹ 반죽을 밀대로 밀어 펼친 후, 면처럼 채 썰어 준다.

　(도마와 밀대에 반죽이 눌어붙지 않게 밀가루를 발라가며 해주세요)

❺ 냄비에 육수를 다시 끓여 애호박, 마늘을 넣어 끓여 준다.

❻ 면을 넣어 한소끔 끓인 후 간을 맞추고 고추, 찢은 닭가슴살을 얹어 마무리한다.

　(면에 밀가루가 많이 묻어 있으면 텁텁해질 수 있으니 가볍게 잔 가루를 털어 낸 후에 넣어 주세요)

FoodRan's Tip
닭가슴살 대신 닭 다리 살로 대체하셔도 좋아요, 닭가슴살을 사용하시면 열량을 낮출 수 있어요!

생강

8~11월 | 100g · 59kcal

향신채소인 생강은 동남아시아가 원산지이다. 생강은 특유의 매운 성분인 진저롤이 풍부하며 살균작용이 뛰어나 생선요리에 빠질 수 없는 재료로 알려졌다. 비린내 제거에 효과적이며 칼륨, 디아스타아제, 진저롤, 쇼가올 성분이 풍부하다.

주요효능   오장의 담을 제거하고 구토를 멈추게 한다. 차가운 기운으로 말미암은 감기나 복통을 치료.

감기예방 / 기침완화 / 살균작용 / 혈액순환 / 식중독예방 / 면역력강화 / 소화촉진 (부작용) 열성 질환이나 고열을 동반한 독감 등을 앓는 사람은 피하는 것이 좋음.

싱싱 채소 구별법   짙은 황토색을 띠며 틈새가 많이 습해있거나 곰팡이가 하얗게 일어나지 않은 것. 큼직하고 단단하며 모양은 울퉁불퉁한 것.

올바른 세척법   묻은 흙을 털어낸 후 흐르는 물에 틈새까지 깨끗이 씻는다.

똑똑한 보관법   씻지 않은 상태로 신문지에 감싸 서늘하고 그늘진 곳에 상자나 바구니에 담아 보관한다. 세척 후 껍질을 벗긴 상태에서는 물기를 제거한 후 물기를 적신 종이행주에 감아 랩에 가볍게 감싸 냉장 보관한다. 오래 두고 먹을 땐 껍질을 벗겨 다지거나 슬라이스 한 후 용기에 향이 많이 없어지지 않도록 종이행주를 깔고 그 안에 담아 냉동 보관한다.

 # 무엇이든 물어보세요

Q 생강이 감기에 좋다는 게 사실인가요? 감기를 막기 위한 생강활용법을 소개해 주세요!

A 생강은 기침과 가래를 가라앉혀 주며 몸을 따뜻하게 해주기 때문에 감기예방에 좋습니다. 생강을 말려 차로 끓여 마시거나 생강을 채 썰어 꿀에 재워 두고 뜨거운 물에 섞어 푹 끓여 따뜻하게 마셔보세요.

Q 생강이 해산물 요리에 많이 사용되는 이유는 무엇인가요?

A 생강은 향신채소로 생선의 비린내와 육류의 누린내를 제거하는 데 도움이 되며 항균 작용이 있어 배탈을 방지해 줍니다.

Q 생강은 왜 곰팡이가 금방 피는 걸까요? 이를 방지하는 방법은 없나요?

A 생강은 수분이 있으면 곰팡이가 금방 생겨요. 그래서 냉장 보관할 때에는 물기가 묻지 않은 상태로 신문지나 종이행주에 감싸 보관하고 이른 시일 내로 드시는 것이 좋습니다. 햇빛이나 건조기에 말려 보관하거나 모래와 함께 묻어두어 수분이 덜 생기게 하는 방법도 있어요. 가장 보편적인 방법은 껍질을 깐 후 냉동 보관하는 것입니다.

Q 상한 생강을 먹으면 두드러기가 나던데 생강 상한 걸 어떻게 확인할 수 있나요?

A 상한 생강은 암을 유발하는 물질이 생기기 때문에 절대 먹어서는 안 됩니다. 생강이 상하면 물컹해지면서 속 단면이 주변 테두리부터 희끗희끗하게 변하고 이상한 냄새가 납니다.

생강은 껍질을 까는 작업이 힘들 수 있는데요, 작은 칼을 활용하거나 알루미늄 호일을 구겨서 긁어내면 구부러진 틈새까지 꼼꼼히 껍질을 제거할 수 있어요. 생강은 포장용기 그대로 냉장 보관하여 오래 두면 금방 곰팡이가 피고 물컹거리기 때문에 소량씩 구매하셔서 활용하시는 게 좋아요. 저 같은 경우엔 보관이 쉬운 생강가루를 함께 사용하고 있어요. 해산물 요리, 육류 요리엔 다진 마늘만 활용하지 마시고 다진 생강도 함께 넣어 주면 훨씬 풍미가 살아납니다.

| 편생강 분유쿠키 |

생강은 차로 마시거나 다져서 요리의 보조 재료로 활용하는 것으로만 생각하기 쉬운데 편생강 분유쿠키는 생강이 쿠키의 주인공으로 활용되는 간식이에요. 생강의 매운맛을 중화하여 아이들이 생강을 거부감 없이 즐길 수 있고, 어른들의 영양 간식으로도 손색없어요. 분유의 고소한 풍미가 생강의 향과 잘 어울리는데요, 느끼할 수 있는 쿠키를 담백하게 드실 수 있어요.

재료& 만드는 방법

생강	3톨	전지분유	30g
박력분	120g	달걀	1개
슈가파우더	40g	우유	1큰술
버터	70g	소금	약간
설탕	적당량	꿀	1큰술

❶ 생강 껍질을 벗겨 내고 얇게 편을 썰어 마른 팬에 센 불로 가볍게 볶아 준 다음, 꿀에 버무린다.
（생강 껍질을 벗기기 어려울 경우, 알루미늄 호일을 구겨서 문지르며 벗겨 주는 방법도 있어요）

❷ 전지분유, 박력분, 슈가파우더, 소금을 체로 쳐 준다.
（가루는 체에 쳐 주면 더욱 입자가 고와져서 부드러운 쿠키가 됩니다）

❸ 버터는 볼에 담아 전자레인지로 20초가량 녹여주고, 달걀노른자, 우유를 넣고 섞어 2번과 같이 반죽해 준다.
（상온에서 부드러워진 버터는 그대로 섞어 주세요）

❹ 생강을 넣어 반죽한 후 길게 모양을 잡은 다음, 종이 호일에 감싸 냉동실에 30분가량 굳혀 준다.

❺ 달걀흰자를 풀어서 반죽 겉면에 묻힌 후 굴리면서 설탕을 묻혀주고, 1cm 두께로 썰어 오븐 팬 위에 종이호일을 깔고 간격을 두며 나열해 준다.
（달걀흰자를 묻히고 설탕을 묻히는 과정은 번거로우시면 생략하셔도 됩니다, 생강의 매운맛을 부드럽게 중화시켜주기 위한 과정이에요）

❻ 180도로 예열 된 오븐에 15분 정도 구워 준다.
（베이지 톤 색감이 올라오면 꺼내어 망에 펼쳐 식혀주세요）

FoodRan's Tip

베이킹 할 때, 달걀을 사용할 경우, 냉장고에서 막 꺼낸
차가운 것보다는 상온에 두었던 달걀을 활용하는 게 좋습니다

야콘

8~9월 | 100g · 57kcal

땅속의 배로 불리는 야콘은 고구마와 비슷한 생김새로 마와 배의 맛과 식감을 동시에 가진 채
소다. 남아메리카 안데스지방이 원산지이며 이눌린, 폴리페놀, 식이섬유, 프럭토올리고당이 풍
부하다.

주요효능 뼈를 튼튼하게 하고 노폐물을 없애며 배변 활동을 원활하게 해준다.
동맥경화예방 / 당뇨병예방 / 다이어트 / 변비예방 / 고혈압예방 / 골다공증예방
(부작용) 속이 냉하거나 평소 가스가 많은 사람은 피하는 것이 좋다.

싱싱 채소 구별법 어두운 자줏빛 색깔의 껍질로 과육이 약간 노란 빛을 띠는 것.

올바른 세척법 흐르는 물에 깨끗이 씻는다.

똑똑한 보관법 신문지를 깐 상자나 바구니에 야콘을 담은 다음, 위에 신문지를 가볍게 덮는
다. 통풍이 잘되는 서늘한 곳에 보관한다. 수분이 많아서 습한 곳은 피한다.

 # 무엇이든 물어보세요

Q 야콘과 마는 어떻게 다른가요?

A 야콘은 생긴 건 고구마 같지만, 맛은 마와 배의 맛을 합친 느낌입니다. 야콘은 이눌린이 풍부해 당뇨에 좋으며 마는 뮤신이 풍부해 위장에 좋아요.

Q 야콘을 생으로 먹을 때와 익혀 먹을 때 어떤 차이가 있나요? 주로 먹는 방법은 어떤 것이 있나요?

A 야콘은 수분이 매우 많고 단맛이 있기 때문에 과일처럼 생으로 깎아 먹는 것이 가장 좋습니다. 찌개나 국에 넣어도 되고요, 구워 드시면 감자의 느낌과 비슷하게 드실 수 있습니다.

Q 야콘도 오래 두면 감자처럼 갈변하던데 색이 변한 야콘을 먹어도 괜찮을까요?

A 야콘은 껍질을 벗기는 순간부터 산소와 만나 갈변이 일어나는데 섭취할 양 만큼씩 껍질을 까서 섭취하시거나 식초를 푼 물에 살짝 담가서 요리하시면 갈변현상을 막을 수 있습니다. 상해서 색이 변한 게 아니라면 갈변 된 야콘을 드셔도 별다른 문제는 없습니다.

Q 무랑 비슷한 것 같은데 한약 복용 중에 야콘을 생으로 먹어도 되나요?

A 크게 문제 되는 건 없지만 야콘은 찬 성질이기 때문에 과잉 섭취 시 복통과 설사를 일으킬 수 있습니다. 먹고 있는 한약이 있다면 어떤 증상으로 먹는 것인지 어떤 성분의 한약인지를 명확히 확인한 후 섭취하는 편이 좋겠습니다.

야콘은 수분이 매우 많아 그냥 과일처럼 생으로 깎아서 드셔도 부담 없이 즐기실 수 있어요. 구매 후 보관일이 지날수록 단맛이 더 생깁니다. 기름진 육류와 함께 먹으면 콜레스테롤을 낮춰줍니다.

| 야콘구이 꼬치 |

마의 먹는 느낌과 비슷한 야콘은 생으로 보통 먹지만 감자 칩처럼 드실 수도 있어요. 야콘구이 꼬치는 야콘 성분 탓에 속이 편안하고 숙취 해소에도 좋은 술안주라고 할 수 있어요. 당뇨에도 좋은 건강한 꼬치메뉴를 즐겨보세요.

**재료&
만드는 방법**

야콘	1개	메이플시럽	2큰술
소금	약간	허브가루	약간
치즈가루	적당량	버터	약간

❶ 야콘 껍질을 벗겨 얇게 원형으로 슬라이스 해 준다.

❷ 버터 두른 팬에 소금, 허브가루를 뿌려 센 불로 야콘을 노릇하게 구워준다.

❸ 메이플시럽을 골고루 발라 준다.

❹ 꼬치에 겹겹으로 야콘을 꽂은 후 치즈가루를 뿌려 마무리한다.

FoodRan's Tip
야콘 대신 마나 연근을 사용해도 좋아요!

울금

11~3월 | 100g · 51kcal

열대 아시아가 원산지이며 생강 과에 속하는 채소로 '밭에서 나는 금'이라고 불린다. 커큐민 성분이 뛰어나 면역력 강화에 좋고 노화방지와 항암효과가 크다. 담즙분비와 배설을 촉진해주는 식품으로 널리 알려졌다.

주요효능　어혈로 인한 가슴 통증 등을 치료하며 기운을 내리고 소변장애를 치료한다.
고혈압예방 / 동맥경화예방 / 혈액순환 / 항암효과 / 노화방지 / 피부미용 /
치매예방 / 당뇨예방 / 간해독 / 통증완화 / 생리통완화
(부작용) 출혈 증상이 있으면 피하는 것이 좋다.

싱싱 채소 구별법　단단하고 모양이 큼직하며 너무 마르지 않고 촉촉함이 있는 것. 거뭇거뭇하지 않고 밝은 노란 빛을 띠고 있는 것.

올바른 세척법　흐르는 물에 틈 속까지 꼼꼼하게 씻어 준다.

똑똑한 보관법　물기가 묻지 않은 상태에서 신문지로 감싸고 그늘진 서늘한 곳에 바구니나 상자, 또는 종이봉투에 담아 보관한다. 오래 두고 보관할 땐 슬라이스 해서 건조기나 햇빛에 말려 그늘진 곳에 보관하거나 용기에 담아 냉동 보관한다.

무엇이든 물어보세요

Q 울금을 '밭에서 자라는 금'이라고 하는데 그 이유는 뭔가요?

A 금과 같이 황색을 띠고 있으며 영양소 또한 뛰어나기 때문입니다.

Q 마카, 울금, 생강의 영양성분의 차이는?

A 세 가지 다 공통으로 커큐민 성분이 있어 항산화, 살균, 면역 증대, 염증 치료 등에 효능이 있습니다. 마카는 기력회복에 더욱 좋고, 울금은 여성 질환 개선에 더욱 좋으며, 생강은 살균작용과 소화작용에 좀 더 효능이 탁월하다고 합니다.

Q 울금을 생으로 먹을 때와 분말로 가공해 먹을 때 어떤 차이가 있나요?

A 울금은 오랜 보관이 어렵고 자주 먹기는 어려우므로 분말형태로 사용하는 경우가 많은데 분말이라고 해서 영양소가 떨어지지는 않습니다. 영양소를 보존한 형태로 분말을 만들어 사용하면 울금의 영양성분의 흡수율을 높일 수 있습니다.

Q 울금을 비누 성분으로도 사용하는데 울금이 피부에 좋은가요?

A 울금은 아토피, 여드름, 건성, 색소 침착 개선에 좋아서 비누의 재료로 많이 쓰입니다.

울금은 맵고 써서 몸에 열을 높일 거로 생각하기 쉬운데 오히려 몸의 어혈을 풀어주어 독소를 제거하고 피부미용에 좋습니다. 울금은 가루형태로 사는 경우가 많은데 울금 가루는 고기나 생선 재울 때 생강 대신 활용하기도 합니다. 생강과는 조금 다른 향이 나서 색다른 풍미를 느끼실 수 있고 노란 빛깔로 색감을 표현하는 요리에도 사용하면 좋습니다.

| 울금 찜닭 |

울금은 생강과 비슷한 향으로 육류나 생선의 누린내 제거에 좋아 함께 조리하는데 주로 사용되는 데요, 울금 찜닭은 따뜻한 성질의 닭과 차가운 성질의 울금이 만나 적당히 중화되어 누구나 드실 수 있는 보양식 닭요리예요.

노란 통닭이 한참 유행이었잖아요? 이 요리는 노란 찜닭이라고 해도 좋아요. 닭요리는 보통 껍질에 열량이 높은데, 열량을 낮추고 싶다면 껍질을 제거하고 조리하시면 됩니다.

울금이 들어가 고혈압 등의 성인병 예방에도 좋은 요리이며 다이어트 시에도 부담 없이 즐기실 수 있어요.

재료& 만드는 방법

울금	1개	울금가루	2큰술
닭(찜닭용)	1/2마리	양파	1/4개
대파	1/2대	표고버섯	2개
홍고추	1개	소금, 후추	약간

양념) 물 1컵반 / 국간장 2큰술 / 참기름 1작은술 / 다진마늘 1작은술 / 맛술 1큰술 / 올리고당 3큰술

❶ 손질된 닭을 울금 가루에 버무려 재워둔 후 끓는 물에 겉면이 하얘질 정도로만 한소끔 데쳐 준다.

　(울금 가루가 없으면은 생강가루로 대체해 주세요)

❷ 채소들을 한입 크기로 썰어 준다.

❸ 기름을 두른 냄비에 재워둔 닭을 센 불로 볶은 후, 분량의 양념을 넣어 끓여 준다.

　(찜닭의 양념은 재료의 절반 정도 차는 게 맞는 양이에요)

❹ 양파를 넣고 익혀주다 간을 맞춘 후 버섯, 대파, 고추를 함께 넣어 마무리한다.

더욱 고소한 풍미를 원하면 마무리 시에 참기름을 한 번 더 넣어 버무려 주세요!

우엉

9~10월 | 100g · 69kcal

김밥 속 재료로 흔하게 볼 수 있는 독특한 향을 지닌 뿌리채소로 아시아가 원산지이다. 당질, 칼륨, 마그네슘, 아연, 무기질이 풍부하며 알칼리성 식품으로 식이섬유와 이눌린 성분이 많이 함유되어 있다.

주요효능　눈을 밝게 하고 종기를 치료하는 데 효과적이다.
변비예방 / 체내독소배출 / 당뇨예방 / 대장암예방 / 다이어트 / 피부질환예방 / 아토피완화
(부작용) 위장이 냉한 사람은 피하는 것이 좋다.

싱싱 채소 구별법　겉면이 너무 마르지 않고 촉촉한 것. 껍질에 흠이 없고 곧게 뻗어 있으며 물렁거리지 않고 단단한 것.

올바른 세척법　흐르는 물에 깨끗하게 씻어 준다.

똑똑한 보관법　신문지에 감싸 통풍이 잘되는 서늘한 곳에 보관하거나 너무 냉기에 노출되지 않도록 두툼하게 신문지로 감싸서 냉장 보관한다. 남은 우엉은 얇게 썰어 건조기나 햇빛에 말려 놓으면 피부 미용과 다이어트에 좋은 건강 차로 활용할 수 있다.

무엇이든 물어보세요

Q 우엉은 유난히 중국산이 많은데 중국산과 국내산을 구별하는 방법이 없을까요?

A 국산 우엉은 흙빛으로 흙이 많이 묻어 있고 중국산은 누런 갈색 빛으로 흙이 묻어있지 않고 축축한 느낌입니다.

Q 우엉에 하얀 게 생기는 것 같은데, 먹어도 괜찮은 건가요?

A 우엉이 가진 사포닌 성분이 하얀 즙으로 보이는 경우로 항산화 물질인 폴리페놀이 풍부해 항암효과와 면역력 강화에 좋은 것이니 드셔도 됩니다.

Q 김밥에 우엉을 많이 사용하게 된 배경은 무엇인가요?

A 일본에서는 오래전부터 김초밥 안에 우엉을 넣었는데 이러한 음식문화가 자연스레 우리에게 전해진 것 같습니다.

우엉은 껍질이 굉장히 얇아서 칼등으로만 긁어도 쉽게 깎이니 칼이나 필러를 사용해 너무 깊게 깎지 않게 주의하세요. 우엉은 식이섬유가 꽉 차서 질긴 식감이라 부드럽게 드시려면 연필을 깎듯이 얇게 깎아주셔야 해요. 우엉은 조림 반찬만이 아닌 다양한 요리에 활용되는데 특히 향이 좋아서 밥에 넣어도 좋고 냄새가 날 수 있는 생선이나 육류 요리에 첨가해 주어도 좋아요.

| 우엉채 튀김샐러드 |

우엉이 나무막대기 처럼 생겨서, 회초리 같다고 하는 분들이 많은데 회초리처럼 우리에게 약이 되는 좋은 채소입니다. 우엉은 잡채나 조림, 김밥 속 재료로 친근하지만 기름에 튀겨도 바삭하고 향긋한 풍미의 느끼하지 않은 튀김을 드실 수 있어요.

우엉은 식이섬유가 풍부해 기름 흡수를 많이 하지 않아서 튀김으로 드셔도 열량 걱정을 줄이실 수 있어요. 우엉채 튀김에 자몽 드레싱을 곁들이시면 어떤 접시에 담아도 예쁜 색감의 한 접시가 완성됩니다.

재료&
만드는 방법

우엉	1대	새싹	적당량
방울토마토	5개	전분가루	1/2컵

자몽드레싱) 자몽 1/2개 / 허니머스타드 1큰술 / 레몬즙 1큰술 / 올리브유 3큰술 / 올리고당 1큰술 / 허브솔트 약간

❶ 칼등으로 우엉 껍질을 긁어 제거한 후 감자 깎기 칼(필러)로 슬라이스 해 준다.

   (우엉 채를 가늘게 써는 방법으로 일반 칼보단 필러를 사용하면 좋아요)

❷ 칼로 길고 얇게 채 썬 후 전분 가루를 묻혀 털어 내고 180도로 예열 된 기름에 바싹 튀겨 준다.

   (전분 가루 특성상 서로 들러붙을 수 있으니 튀길 때 젓가락으로 잘 저어 주세요)

❸ 모든 재료를 볼에 담고 분량의 자몽 드레싱을 곁들여 준다.

FoodRan's Tip

우엉 튀김에는 우엉의 씁쓸한 맛을 중화시키는 새콤달콤한 드레싱이 잘 어울려요

연근

12~2월 | 100g · 70kcal

인도가 원산지인 연근은 레몬보다도 많은 비타민C 함유량을 자랑하는 뿌리채소이다. 이 밖에도 뮤신, 탄닌, 칼륨, 철, 엽산이 풍부하고 폴리페놀 성분도 풍부해 항산화 작용을 돕는다.

주요효능　마음을 가라앉혀주고 소변을 잘 보게 도와주며 붓기를 가라앉힌다.
위장보호 / 감기예방 / 콜레스테롤저하 / 체내해독작용 / 변비개선 / 불면증완화 / 위궤양예방
(부작용) 소변을 자주 보는 사람은 과잉섭취를 피하는 게 좋다.

싱싱 채소 구별법　겉면이 움푹 파여 거뭇해진 홈이 없고 단면이 깨끗하고 하얀 것(거뭇거뭇함이 있으면 금방 시들고 식감이 별로다). 전체적으로 길쭉하고 두꺼운 모양새가 좋다.

올바른 세척법　흐르는 물에 깨끗하게 세척 해 준다.

똑똑한 보관법　흙이 묻은 상태에선 상자에 신문지를 깔고 그 위에 연근을 담는다. 통풍이 잘되는 그늘진 곳에 보관한다. 껍질을 깐 상태면 식초를 푼 물에 연근을 담갔다가 물기만 털어내고 랩에 감싸 냉장 보관한다.

 # 무엇이든 물어보세요

Q 큰 연근이 작은 연근보다 영양가가 많은가요? 연근의 구멍과 영양분과도 상관이 있나요?

A 연근은 작은 것보단 큰 게 영양성분이 더욱 풍부합니다. 연근 구멍의 크기가 일정한 것이 더욱 좋은 연근이에요.

Q 연근의 아삭한 식감을 쫄깃하고 부드럽게 만드는 방법은 없을까요?

A 연근을 식초 물에 담가 두어 떫은맛과 전분기를 뺀 후에 끓는 물에 2~3분간 삶아내면 부드러운 식감의 연근요리를 만들 수 있어요. 조림할 경우, 센 불이 아닌 중간 혹은 약 불로 뭉근히 조려주고 마지막에 센 불로 마무리해주면 쫀득한 식감의 조림을 만들 수 있습니다.

Q 체질에 따라 연근이 해로울 수도 있다는데 정말인가요?

A 소화기관이 좋지 않거나 알레르기 체질인 사람은 과잉섭취를 피하는 게 좋습니다.

Q 조림 외에 다른 추천 할만한 연근 조리법은?

A 연근은 부침, 튀김으로 만들어 먹어도 좋고 감자 대신 찌개나 국에 넣어도 좋습니다. 함박스테이크나 동그랑땡 안에 다져 넣어도 풍미가 살고 영양도 풍부해집니다.

연근은 속 단면의 구멍 모양새를 살려 요리하면 보기에도 좋고 건강, 맛도 좋습니다. 얇게 슬라이스 해서 기름에 바싹 튀겨내면 과일 칩처럼 드실 수 있고, 장식용으로 활용하기에도 좋습니다. 단단함 때문에 김치나 피클, 장아찌에도 잘 어울리니 많이 활용해보세요.

| 연근 고추장찌개 |

연근은 조림으로 드시는 게 익숙하실 텐데요, 찌개에 넣어 먹으면 감자처럼 맛있게 드실 수 있어요. 연근은 비타민이 풍부해 피부미용에 좋고 나트륨을 배출하게 하는 효과가 있어 저염식으로 좋아요. 단단한 식감으로 가열해도 영양소가 많이 파괴되지 않아서 연근을 활용하면 맛과 영양이 풍부한 특별한 고추장찌개를 드실 수가 있어요!

재료&
만드는 방법

연근	1/2개	고추장	2큰술
대파	1/2대	양파	1/6개
애호박	1/4개	청양고추	1개
표고버섯	1개	두부	1/4모
다진마늘	1작은술	국간장, 후추	약간

육수) 모시조개 1/2컵 / 다시마 1장 / 무 50g / 물 4컵

❶ 연근을 껍질을 벗겨 한입 크기로 도톰하게 썰어 준다.

❷ 대파, 고추는 어슷썰기하고, 양파, 애호박, 버섯은 먹기 좋게 썰어 준다.

❸ 분량의 육수는 냄비에 넣고 보통보다 약한 불로 20분간 우려낸 후 조개는 건져내고 무는 먹기 좋게 썰어 준다.

❹ 냄비에 우려낸 육수를 다시 끓인다. 이때 고추장을 풀어주고 연근을 넣어 끓여 준다.

❺ 다진 마늘, 감자, 양파, 애호박을 넣고 중 불로 보글보글 끓여 준다.

❻ 간을 맞춘 후 고추, 버섯, 대파를 넣고 건져둔 조개, 무를 모두 넣어준다.

FoodRan's Tip
연근을 찌개에 넣고 끓이면 식감은 감자와 비슷하지만, 더욱 고소한 맛을 느끼실 수 있어요!

콜라비

11~2월 | 100g·28kcal

콜라비는 양배추와 순무의 합성어로 '순무 양배추'라고도 불린다. 폴리페놀과 안토시아닌 성분이 많아 항암 효과가 좋다. 보통 흰색 종류와 보라색 종류가 있고 껍질까지 먹을 수 있는 알칼리성 채소이다. 수분이 많고 비타민A, 비타민C, 칼슘, 철분도 풍부하다.

주요효능　근육과 뼈를 튼튼하게 하고 노폐물을 제거.
성장기발육 / 피로회복 / 소화작용 / 숙취해소 / 피부미용 / 혈압조절
(부작용) 갑상샘 질환이 있는 사람은 피하는 것이 좋다.

싱싱 채소 구별법　단단하고 묵직하며 겉면에 흠집이 없이 매끄럽고 윤기가 있는 것.

올바른 세척법　흐르는 물에 깨끗하게 씻어 준다.

똑똑한 보관법　물기가 없는 상태에서 랩으로 감싸 냉장 보관한다. 썰어둔 상태에서는 단면이 쉽게 마르므로 랩으로 잘 감싸 준다.

 # 무엇이든 물어보세요

Q 콜라비와 무가 유사한 부분이 많은데 콜라비로 무를 대체해도 좋은가요?

A 콜라비는 무보다는 단맛이 더 강하고 입자가 단단합니다. 생으로 먹어도 좋지만, 무 대신 요리에 활용하기도 하는데요, 콜라비가 가진 단맛이 요리에 감칠맛을 높여 줍니다.

Q 콜라비 껍질에는 어떤 영양성분이 있나요?

A 콜라비의 붉은색 껍질에는 안토시아닌 성분이 있어 항산화 작용을 돕습니다. 눈의 피로를 없애주고, 시력보호와 혈액순환장애개선에도 효과가 있습니다.

Q 콜라비 속에 구멍이 나 있는데 먹어도 되나요?

A 콜라비에 바람이 들고 수분이 빠지면 구멍이 생길 수 있는데 상한 것이 아니니 먹어도 됩니다. 요리에 사용하거나 생으로 먹어도 좋지만, 구멍 난 콜라비는 갈아서 주스로 마시는 게 먹기가 수월합니다.

콜라비는 껍질째 먹을 수 있는 채소예요. 생으로 먹으면 달콤하고 더욱 아삭한 무를 먹는 느낌이에요. 생으로 주스나 즙을 내 마시거나 과일처럼 잘라서 먹어도 굉장히 좋아요. 수분이 풍부하여 수분보충과 피부미용에도 좋고 다이어트에도 좋아요.

| 콜라비 생선조림 |

콜라비는 무보다 단맛이 훨씬 강한데요, 생으로 그냥 먹으면 천연 소화제가 됩니다.
보통 생선조림에는 무를 많이 쓰는데 색다르게 무 대신 콜라비를 활용하면 생선의 비린 향도
잡고 양념의 매운맛은 줄이고 단맛을 살려줍니다.
등이 둥글게 부풀어 오른 고기라는 뜻의 고등어는 성인병예방에 좋고, 고등어에 많이 함유된
오메가 3는 골격을 강화하고 치아와 뼈를 튼튼하게 해주어 성장기 아이들에게 굉장히 좋아요.

**재료&
만드는 방법**

콜라비	100g	고등어	1마리
양파	1/4개	고추	1개
대파	1/2대	물	1컵

양념) 고춧가루 3큰술 / 고추장 1작은술 / 올리고당 1큰술 / 간장 2큰술 /
　　　다진마늘 1큰술 / 다진생강 1작은술 / 후추 약간 / 맛술, 참기름 1큰술

❶ 콜라비를 깨끗이 씻어 껍질째 1cm 두께로 나박썰기(또는 은행잎 썰기) 해 준다.

　(1cm 두께는 대략 손톱크기 만큼으로 생각하시고 눈대중으로 재서 썰어 주세요)

❷ 고등어는 손질 후 어슷하게 3등분 해 준다.

　(고등어는 수산물코너에서 조림용으로 손질해 달라면 편해요)

❸ 양파는 채 썰고 고추, 대파는 큼직하게 어슷썰기 한다.

❹ 기름 두른 냄비에 센 불로 콜라비를 볶아 전체적으로 윤기가 돌면 약 불로 줄여 콜라비를 펼
　쳐놓은 다음 위에 고등어를 얹어 준다.

　(불을 끄지 않고 조리하면 생선비린내를 덜 나게 할 수 있어요)

❺ 분량의 섞어둔 양념을 고등어 위에 자작하게 얹고 콜라비가 잠길 정도로 물을 부어 센 불로
　끓여 준다.

　(물을 붓고 나면 콜라비는 자작하게 잠기고 생선은 물 위에 떠 있는 정도의 느낌이에요)

❻ 양념이 끓으면 양파를 넣고 보통 불로 끼얹어 가며 끓인다. 어느 정도 졸아 들고 콜라비가 익
　으면 고추, 대파를 넣어 센 불로 마무리한다.

　(젓가락으로 콜라비를 찔렀을 때 익었으면 생선은 100% 다 익은 거예요!)

생선요리 할 때 생선이 어느 정도 겉면이 익기 전까지는
뚜껑을 덮지 말아야 비린내가 나지 않게 조리할 수 있어요

삼채

11~3월 | 100g · 37kcal

삼채는 산삼보다 사포닌 성분이 많고 식이 유황 성분 또한 마늘보다 풍부해 항암효과와 면역력 강화에 좋은 채소이다. 쓴맛, 단맛, 매운맛의 세 가지 맛이 난다고 하여 삼채란 이름으로 불리는데 칼슘, 철분, 유황, 비타민A가 풍부하다.

주요효능   피를 맑게 하고 혈관을 튼튼하게 한다. 위장을 따뜻하게 해주고 뼈를 튼튼하게 한다.
성인병예방 / 면역력강화 / 항암효과 / 성장기발육 / 콜레스테롤개선
(부작용) 열이 많은 사람은 과잉섭취를 피한다.

싱싱 채소 구별법   뿌리와 잎줄기의 모양이 곧게 뻗어 있으며 물기 없이 촉촉하게 살아 있는 것.

올바른 세척법   찬물에 담가 흔들어가며 씻은 후 체에 담아 흐르는 물에 세척 해 준다.

똑똑한 보관법   신문지에 감싸 냉장 보관한다. 오래 보관할 경우, 잎줄기 부분이 잘 마르기 때문에 지퍼백에 담아 서늘한 그늘진 곳에 보관하고 뿌리는 손질한 후, 한소끔 데쳐 찬물에 헹군 다음, 물기를 제거한 후 지퍼백이나 통에 담아 냉동 보관한다. 건조기나 햇빛에 말려서 보관해도 좋다.

무엇이든 물어보세요

Q 삼채는 인삼, 수삼과 같은 계통인가요?

A 삼채는 파속 식물로 인삼 종류와는 다른 계통입니다. 하지만 효능은 비슷한 부분들이 많으며 사포닌 성분은 인삼보다 훨씬 많다고 합니다.

Q 삼채는 주로 잎을 먹는 건가요? 뿌리를 먹는 건가요?

A 삼채는 하나도 버릴 것 없는 채소입니다. 잎도 뿌리도 모두 먹습니다. 뿌리는 생으로 먹기에는 부담스럽기에 보통 장아찌와 같은 절임으로 많이 먹습니다.

Q 삼채를 쉽게 구할 방법은?

A 삼채는 국내에 들어온 지 얼마 되지 않아 흔하게 사긴 어려워 인터넷을 통해 농장에서 직접 주문하는 경우가 많았습니다만 최근에는 대형마트에서도 판매를 시작했기 때문에 구할 수 있습니다.

Q 삼채 요리법은 어떤 것들이 있나요?

A 보통은 김치나 장아찌로 주로 활용되는데 육수에 우리거나 육류와 곁들여 먹기에도 좋습니다. 샐러드와 무침으로 먹어도 좋습니다.

삼채는 버릴 것이 없는 건강한 채소인데요. 말린 잎줄기는 생선이나 고기 요리의 비린내와 누린내를 제거하고 육수 낼 때 넣어 우리면 감칠맛을 더해줍니다. 삼채 뿌리로 장아찌를 담그면 건강식 별미 반찬이 됩니다. 말린 뿌리는 주로 차로 마시는 경우가 많은데 보양식 탕 요리에 넣으면 맛과 영양을 함께 살릴 수 있습니다.

| 삼채볶음 |

삼채는 혈당과 체지방을 낮춰 주는데 좋은 음식재료입니다. 장아찌를 만들어도 좋지만 기름에 볶아 드셔도 부담 없이 고소한 풍미를 느낄 수 있습니다. 요리할 때 재료에 대한 고정관념을 버리고 여러 가지 방법으로 활용하면 더욱 재미를 느끼실 수 있어요.

재료&만드는 방법

삼채	한줌	다시마	2장
알새우	1/4컵	올리브오일	3큰술
다진마늘	1작은술	대파	1/4대
치즈가루	1큰술	허브소금	약간
건고추	적당량		

❶ 삼채를 깨끗이 씻어 손질한 후 끓는 물에 한소끔 데쳐서 건져 준다.

❷ 다시마를 삶은 다음, 먹기 좋게 썰어 준다.

　(다시마 1장이 손바닥만 한 크기라고 생각하면 돼요!)

❸ 기름을 두른 팬에 센 불로 마늘, 새우, 고추를 볶다가 삼채를 넣어 볶아 준다.

❹ 허브 소금과 치즈가루를 뿌려 간을 맞춘 후 다시마를 넣어 마무리한다.

FoodRan's Tip

올리브오일 양을 더 늘리고 삶은 스파게티 면을 넣으면 파스타요리가 됩니다

Chapter III

슈퍼 곡물 제대로 알고 먹기

영양 만점 슈퍼 곡물을 활용한 새로운 한 끼 식사의 모색!

찧은 쌀밥을 대체할 식품으로 잡곡이나 현미를 찾던 주부들 사이에서 최근 '슈퍼 곡물'이 주목을 받고 있습니다. 다른 곡물에 비해 영양소와 항산화 성분이 풍부하여 '슈퍼곡물'이란 이름으로 통칭하여 불리는데요, 퀴노아, 렌틸콩, 치아 시드, 귀리, 병아리 콩, 아마 시드 등 그 종류도 헤아릴 수 없이 많습니다. 슈퍼 곡물은 그 종류를 막론하고 흔히 먹는 백미에 비해 단백질, 비타민, 미네랄, 식이섬유가 가득합니다. 적은 양으로도 풍부한 영양소를 공급해주는 슈퍼 곡물의 놀라운 힘을 경험해 보시는 건 어떨까요?

오트밀

연중계속 | 100g·372kcal

오트밀은 귀리를 구워서 납작하게 압착 한 것으로 소화가 잘되고 포만감이 뛰어나다. 식이섬유가 풍부하여 서양에서는 아침 식사 대용으로도 많이 활용되며 영양가도 풍부한 곡물이다. 화장품 재료로도 활용될 정도로 피부미용에도 효과가 좋다.

주요효능　배변 활동을 원활히 하고 체내 노폐물을 제거.
심장병예방 / 고혈압예방 / 신장병예방 / 다이어트 / 피부미용
(부작용) 설사가 잦은 사람은 과잉섭취를 피하는 게 좋다.

싱싱 채소 구별법　색감이 고르게 백색을 띠고 부스러진 가루가 많지 않은 것.

올바른 세척법　체에 걸러 잔 가루를 제거한다.

똑똑한 보관법　오트밀은 포장 팩에서 개봉한 후엔 습기가 많은 곳을 피해야 하기에 냉장 보관하는 게 좋다.

 # 무엇이든 물어보세요

Q 오트밀과 귀리의 차이점은 무엇인가요?

A 귀리는 원 곡식(날곡)이고 오트밀은 귀리를 익혀 눌러 붙인 것입니다.

Q 다이어트에 아주 좋다는데 이유가 무엇인가요?

A 쌀보다 단백질 함량이 높고 식이섬유는 현미보다 많습니다. 오트밀을 섭취하면 몸속에서 불어 포만감이 높고 반면에 열량은 낮아 다이어트식으로 좋습니다.

Q 오트밀은 특별한 맛이 없는데 효능을 유지하면서도 맛있게 먹는 방법은 있나요?

A 오트밀은 우유나 요거트와 함께 먹으면 건강한 한 끼 대용 다이어트식으로 좋습니다. 비타민C를 보충할 수 있는 사과와 같은 과일을 함께 넣어 드시면 텁텁한 맛을 조절할 수 있습니다. 그리고 죽을 만들어 드시면 고소하게 섭취할 수 있습니다.

Q 오트밀을 섭취하면 스트레스를 줄일 수 있나요?

A 오트밀은 일반 단순한 탄수화물이 아닌 복합 탄수화물인데, 복합탄수화물은 뇌 시상 하부에서 분비되는 신경 전달 물질인 세로토닌 분비를 촉진하여 우울증이나 스트레스 등을 완화하는 효과가 있습니다. 다이어트 음식이라 살이 찔지 모른다는 걱정 없이 담백하게 드실 수 있습니다.

오트밀은 다이어트에 으뜸인 곡물인데요. 저는 보통 오트밀을 우유에 말아서 시리얼처럼 먹고 있어요. 이때 과일도 함께 넣어 먹으면 비타민까지 보충할 수 있어 좋아요. 쌀을 불리거나 준비할 필요없이 오트밀 하나면 간단하게 건강한 죽을 만들어 드실 수 있습니다. 오트밀은 수분과 함께 전자레인지에만 돌려도 금방 퍼지기 때문에 오랜 가열은 피하는 게 좋아요.

HOT SOUP
SOUP SOUP
enjoy...
relax...
taste...

| 오트밀 대추죽 |

오트밀은 화장품 재료로도 활용될 만큼 피부에도 좋은 곡물입니다. 소화가 부드럽게 잘되기 때문에 죽으로 만들기 좋은데요, 대추와 함께 죽을 만들면 기력회복에 좋은 낮은 열량의 보양 음식이 됩니다. 오트밀의 텁텁한 맛을 대추의 향이 잡아주어 맛있게 드실 수 있습니다.

재료&만드는 방법

오트밀	1컵	불린찹쌀	1/4컵
대추	5개	건포도	1큰술
해바라기씨	1큰술	물	3컵

양념) 간장 2큰술 / 김가루 1작은술 / 깻가루 1작은술 / 참기름 1/2작은술

❶ 대추를 돌려서 깎아 가운데 씨를 제거한 후 잘게 다져 준다.

　(과일 껍질 깎듯이 대추를 돌려가며 딱딱한 씨를 제거해 주세요)

❷ 기름을 두른 냄비에 불린 찹쌀, 대추를 넣고 볶아 준다.

　(한번 볶으면 풍미는 살고 불필요한 수분은 날아갑니다)

❸ 오트밀과 물을 넣고 한 방향으로 저어가며 끓여 준다.

　(한 방향으로 저어야 잘 섞이며 농도도 잘나요)

❹ 농도가 생기면 건포도, 해바라기씨를 넣어 준다.

❺ 그릇에 담은 후 양념장과 곁들인다.

FoodRan's Tip

죽은 농도가 중요해요! 2% 정도 아직 묽다고 생각될 때
불을 꺼야 그릇에 담을 때, 가장 적당한 맛있는 농도가 됩니다

귀리

9~10월 | 100g · 317kcal

보리류에 속하는 슈퍼 곡물로 중앙아시아 아르메니아 지방이 원산지다. 단백질, 식이섬유, 불포화지방산, 필수아미노산, 칼슘, 멜라토닌 성분이 풍부하다.

주요효능 노폐물을 제거하며 해독작용이 있고 배변 활동을 원활하게 한다.
담즙산제거 / 콜레스테롤저하 / 변비예방 / 성장발육 / 골다공증예방 / 숙면도움
(부작용) 대소변을 자주 보는 사람은 과잉섭취를 피하는 게 좋다.

싱싱 채소 구별법 보송보송하게 건조가 잘 된 상태이며 길쭉한 모양에 통통한 느낌으로 탄력이 있는 것. 잔 가루 없이 깨끗한 것.

올바른 세척법 체에 담아 흐르는 물에 2~3회 살며시 흔들어 헹궈 준다. 곡물은 너무 무리하게 많이 씻으면 맛과 영양소가 빠져나가기 쉽다.

똑똑한 보관법 통에 담아 뚜껑을 덮어 서늘하고 그늘진 곳에 보관한다. 얇은 봉투에 담아 보관하면 상처가 나기 쉽고 습기가 차기 쉽다.

 # 무엇이든 물어보세요

Q 식감이 거친 느낌인데 귀리를 어린이에게 먹여도 좋은가요?

A 귀리는 아이들의 성장 발육에 굉장히 좋은 곡물인데 덜 익혀 먹으면 소화에 부담을 주지만 충분히 잘 익혀서 섭취하면 좋습니다. 먹기 편한 오트밀로 대체하셔도 좋습니다.

Q 귀리가 다른 곡물과 비교하여 슈퍼푸드로 주목받는 이유는 무엇인가요?

A 현미와 백미보다 단백질과 섬유소가 배로 많고 혈당지수는 낮아 건강하면서도 비만을 예방할 수 있기 때문입니다.

Q 귀리와 함께 밥과 죽을 만들기에 좋은 재료는?

A 타우린이 풍부한 조갯살이나 오메가 3가 풍부한 연어를 함께 넣고 죽을 만들면 귀리의 부족한 영양소까지 보충됩니다.

슈퍼 곡물인 귀리는 삼계탕 만들 때, 찹쌀과 함께 섞어 넣고 조리하면 더욱 담백하고 영양이 고루 갖춰진 보양식으로 드실 수 있어요. 귀리는 가볍게 볶아 드시면 씹는 맛도 있고 다이어트에 도움이 됩니다.

| 귀리 건새우 볶음 |

미국에서도 건강식품으로 유명한 귀리는 '귀리 빵'으로 많이들 알고 계실 텐데요, 밥에만 넣어 활용하지 않고 이런 볶음요리를 만들어서 숟가락으로 한 숟가락씩 떠먹으면 귀리의 매력을 한층 더 느끼실 수 있을 거예요. '건새우 마늘종 볶음' 레시피로 흔히 알고 계시지만 건새우와 귀리를 함께 볶으면 고소한 맛이 더해집니다.

건새우는 키토산이 풍부해 귀리와 함께 섭취하시면 노화를 방지하고 면역력을 향상해 줍니다.

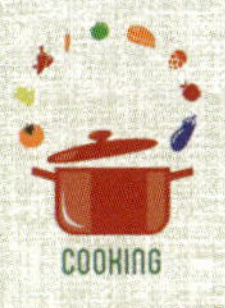

재료& 만드는 방법

귀리	1컵	건새우	1/2컵
통마늘	3톨	통생강	1톨
양파	1/6개		

케첩소스) 케첩 3큰술 / 핫소스 1큰술 / 간장, 올리고당 1큰술 / 물 2큰술

❶ 귀리를 끓는 물에 2분간 삶아 체에 담아 찬물로 헹궈 준다.

　(헹군 후 종이행주로 꼭 수분을 제거해 주세요)

❷ 통마늘, 통생강, 양파를 가늘게 채 썰어 준다.

❸ 기름 두른 팬에 센 불로 마늘, 생강을 볶다가 건새우, 양파를 넣어 다시 볶아 준다.

❹ 삶아 놓은 귀리와 분량의 케첩소스를 넣어 중간 불로 볶아 준다.

FoodRan's Tip
건새우를 생새우나 칵테일새우로 대체해 주어도 좋아요

녹두

9~10월 | 100g·335kcal

숙주의 씨앗인 녹두는 인도가 원산지다. 청포묵과 빈대떡을 만드는 데 주로 활용된다.
녹두는 껍질까지 필수아미노산과 칼륨이 풍부하며 천연해열제라 할 정도로 열을 내려주고 독
소 배출에 탁월한 효능이 있다.

주요효능	일체의 붓기와 열을 내리고 약 독을 포함한 독을 푸는 해독작용이 있다. 성장발육 / 변비예방 / 다이어트 / 신진대사원활 / 해독작용 / 이뇨작용 / 숙취해소 / 피로회복 / 빈혈예방 / 미백효과 / 심혈관질환예방 (부작용) 위장이 차가워 복통 및 설사가 자주 나는 사람은 피하는 것이 좋다.
싱싱 채소 구별법	껍질이 거친 느낌이고 알알이 초록 빛깔을 띠는 것. 잘 건조되어 보송보송한 상태.
올바른 세척법	찬물에 담가 흔들어 씻은 후 체에 넣고 1~2회 가볍게 흔들어 헹궈 준다.
똑똑한 보관법	통에 담아 서늘하고 건조한 곳에 보관한다. 많은 양을 삶아 둔 경우엔 물기를 빼서 위생봉투에 담아 냉동 보관한다.

Q 숙주를 왜 녹두나물이라 하나요?

A 숙주는 녹두의 싹입니다.

Q 녹두는 왜 밥보다는 전 혹은 죽으로 주로 먹게 되었을까요?

A 녹두는 일반 쌀보다는 식감이 꺼칠하고 거칠어서 밥으로 지을 땐 찹쌀과 백미와 함께 섞어 짓습니다. 녹두의 고소한 풍미는 더욱 살리고 거친 식감의 녹두를 부드럽게 섭취할 수 있기 때문에 전이나 죽으로 주로 먹습니다.

Q 녹두를 이용해 묵을 만들어 먹을 수 있나요?

A 녹두전분을 활용해 만든 묵이 청포묵입니다.

Q 녹두가 정말 임산부에게는 좋지 않은가요? 왜 그런 건가요?

A 녹두가 찬 성질이기 때문에 과잉 섭취 시에 기혈을 아래로 내려 복통과 출혈을 일으킬 수 있기 때문이다.

녹두 활용 요리를 녹두전으로만 기억하시는 분들이 많으실 텐데요, 녹두를 찌개류에 넣어 끓여 먹으면 농도가 걸쭉해지고 영양 균형도 잡아주어 좋아요. 녹두는 알이 작아 금방 익으니 씹히는 느낌을 원하시면 너무 푹 익히지 않도록 주의하셔야 해요.

| 녹두 찹쌀 와플 |

녹두 찹쌀 와플은 밀가루를 사용하지 않고 녹두와 찹쌀가루로 반죽을 만들기 때문에 부담 없이 즐길 수 있는 건강한 간식으로 식사 대용으로도 좋아요. 고소한 녹두의 풍미와 찹쌀의 쫀득한 맛이 중독성이 강해요. 녹두를 편식하는 아이들에게 부담 없이 녹두를 먹게 하는 좋은 간식이에요.

**재료&
만드는 방법**

불린녹두	1/4컵	찹쌀가루	150g
우유	3/4컵	달걀	1개
설탕	1큰술	소금	약간
크림소스) 크림치즈 1큰술 / 뮤즐리 1큰술 / 꿀 1큰술 / 우유 2큰술			

❶ 재료를 분량대로 함께 섞어준다.

❷ 와플 틀에 기름을 바른 후 반죽을 부어 구워 준다.

❸ 분량의 크림소스를 섞어 곁들여 준다.

FoodRan's Tip
와플 틀이 없는 경우 일반 팬에 한 국자씩 떠서 약 불로 구워주세요!

렌틸콩

8~9월 | 100g · 360kcal

인도가 원산지인 렌틸콩은 납작한 볼록렌즈 모양이라 렌즈콩이라고도 불리는 슈퍼푸드다. 고단백 저열량 식품으로 식이섬유, 단백질, 엽산, 칼륨, 철분, 비타민B가 풍부하다. 도정의 정도에 따라 색깔과 식감이 다양한 것이 특징이며 카레 향이 느껴진다.

주요효능　노폐물을 제거하고 여성의 음혈을 보충한다. 변비 치료에도 좋다.
심혈관질환예방 / 노화방지 / 다이어트 / 면역력증강 / 변비해소 / 콜레스테롤 저하 / 빈혈예방 / 소화불량해소
(부작용) 신장 질환이나 알레르기 환자는 피하는 것이 좋다.

싱싱 채소 구별법　잔 가루 없이 알알이 색이 일정하고 선명한 것. 으깨지지 않고 알 모양이 튼튼해 보이는 것.

올바른 세척법　찬물에 담가 저어준 후 체에 놓고 흐르는 물에 1~2번 흔들어 씻는다.

똑똑한 보관법　통에 담아 습하지 않은 그늘진 곳에 보관한다. 또는 끓는 물에 2분간 삶아 물기를 제거한 후 통에 담아 냉동 보관한다. 조리 시에는 해동 후 바로 조리한다.

무엇이든 물어보세요

Q 인도 콩이라고도 불리던데 인도사람들이 정말 렌틸콩을 즐겨 먹나요?

A 렌틸콩은 인도가 주 생산지이기 때문에 인도인들은 주식처럼 즐겨 먹는다고 합니다. 카레나 소스에도 렌틸콩을 주로 사용하며 인도요리에 많이 활용하는 재료입니다.

Q 일반 콩류보다 식이섬유가 월등히 많다는데 어느 정도로 많은 건가요?

A 렌틸콩은 세계 5대 건강식품에 뽑힐 정도로 식이섬유가 풍부합니다. 바나나의 12배, 사과의 21배나 됩니다.

Q 렌틸콩으로 샐러드를 만들어 먹는 방법은?

A 렌틸콩은 입자가 작고 잘 익는 편이라 더 많은 영양소를 섭취하기 위해선 따로 불릴 필요 없이 팬에서 볶거나 끓는 물에 삶거나 찜통에 쪄서 샐러드 토핑으로 얹어 먹는 게 좋습니다. 채소나 과일을 작게 썰어 숟가락으로 함께 떠먹기를 권합니다.

Q 렌틸콩 색깔이 다른데 색마다 영양성분이 다른 건가요?

A 렌틸콩은 도정에 따라 색깔이 다른데 브라운 렌틸콩이 도정을 하지 않은 것이기 때문에 식이섬유 등 영양소가 가장 많고 식감 또한 단단하고 입자도 가장 큽니다. 1회 정도 도정을 하면 초록색의 렌틸콩이 되며 완전히 도정 한 상태인 주황색 렌틸콩이 제일 작고 연약한 편입니다. 요리법에 따라 다양하게 선택하여 활용하시면 좋습니다.

렌틸콩은 톡톡 씹히는 식감과 고소한 맛이 일품인데요, 일반 콩과 비교하면 알이 작지만, 식이섬유와 단백질이 매우 풍부한 건강 다이어트 음식재료예요. 부침개, 달걀말이, 달걀찜 등의 반죽에 넣어서 함께 조리하면 평범한 요리가 건강식으로 변신합니다. 알이 작고 단단하지 않아 따로 불리지 않고 편하게 조리에 사용하셔도 됩니다.

| 렌틸콩 닭가슴살 튀김 |

렌틸콩은 알이 작지만, 식이섬유와 단백질이 풍부합니다. 보통 콩은 볶아 먹거나 조림 또는 밥에 넣어 먹지만 렌틸콩 닭가슴살 튀김처럼 튀김에 응용하면 더욱 고소한 풍미와 오독오독 씹히는 식감을 느낄 수 있습니다. 닭가슴살을 활용했기 때문에 느끼하지 않고 건강하게 드실 수 있어 손님 접대용으로도 좋은 요리예요.

**재료&
만드는 방법**

불린렌틸콩	1컵	닭가슴살	2덩이
밀가루	2큰술		

반죽) 튀김가루 1컵 / 달걀 1개 / 소금, 후추 약간 / 카레가루 1작은술 / 밀가루

❶ 닭가슴살을 길게 한입 크기로 썰어 준 후, 소금, 후추로 간을 한다.

❷ 렌틸콩을 끓는 물에 한소끔 데쳐준 후 수분을 제거해 준다.

  (콩은 튀기면서도 익기 때문에 살짝 데쳐주듯이 삶아주세요)

❸ 닭가슴살을 밀가루에 버무린 후 분량의 반죽과 렌틸콩을 함께 섞어 준다.

  (튀김반죽에 묻히기 전에 밀가루를 묻혀야 튀김옷이 벗겨지는 걸 방지할 수 있어요)

❹ 180도로 예열한 기름에 노릇하게 튀겨준다.

> **FoodRan's Tip**
> 튀김을 할 때는 재료의 수분을 완전히 제거해야 기름 튀는 걸 방지할 수 있어요
> 밀가루나 튀김가루를 살짝 뿌렸을 때, 보글보글 거품이 발생하면 튀김을 시작하기 좋은 온도입니다

병아리콩

8~9월 | 100g · 143kcal

중동지방이 원산지인 병아리콩은 병아리와 닮았다고 하여 붙여진 이름이다. 비타민C, 칼슘, 단백질, 식이섬유, 철분, 레시틴이 풍부하다.

주요효능 장의 운동을 좋게 하고 여성의 음혈을 보충해준다.
고혈압예방 / 치매예방 / 빈혈예방 / 변비해소 / 다이어트 / 감기예방 / 뼈건강 강화
(부작용) 설사를 자주 하는 사람은 피하는 게 좋다.

싱싱 채소 구별법 봉지 포장 상태가 깨끗하고 부스러지거나 으깨지지 않은 것.

올바른 세척법 찬물에 2~3번 가볍게 흔들어 씻는다. 너무 많이 세척 하면 영양성분이 빠지고 수분이 콩으로 흡수될 수 있으니 상처가 나지 않게 씻는다.

똑똑한 보관법 그늘진 서늘한 곳에 밀폐용기에 담아 보관한다. 자주 사용할 땐, 삶아서 용기에 담아 냉동 보관하여 조리 시 꺼내 활용한다.

 ## 무엇이든 물어보세요

Q 병아리콩이라는 이름의 유래가 궁금해요.

A 콩의 중간에 톡 튀어나온 부분이 병아리의 부리를 닮았다 하여 병아리콩이라 부릅니다.

Q 병아리콩과 렌틸콩 둘 다 수퍼푸드로 불리는데 어떤 게 더 영양학적으로 좋은가요?

A 둘 다 영양성분을 알차게 가지고 있습니다. 렌틸콩은 식이섬유와 단백질이 많은 게 특징이라면 병아리콩은 비타민과 칼슘, 철분이 풍부합니다.

Q 병아리콩으로도 콩자반을 해 먹을 수 있나요?

A 네! 병아리콩으로 콩자반을 해 드시면 일반 것보다 더욱 고소하고 식감도 부드럽습니다.

병아리콩은 씹는 맛이 삶은 땅콩의 느낌과 비슷합니다. 부드럽고 고소하게 드실 수 있는데 미리 삶아 냉동 보관해 두고 밥을 지을 때, 밥과 함께 섞어 섭취하는 것도 좋습니다. 견과류 바처럼 여러 곡물과 함께 뭉쳐서 바를 만들어 드시면 건강한 간식이 됩니다.

| 병아리콩 강정 |

병아리콩은 앙증맞고 귀여운 모양새로 칼슘이 풍부해 뼈 건강에 좋아 성장기 아이들과 노인들에게 좋고 식이섬유가 풍부하고 쉽게 포만감을 느끼게 해 다이어트에도 좋습니다. 강정 하면 달고 열량이 높은 음식으로 생각되지만, 병아리콩 강정은 단호박을 활용하여 소스를 만들어 영양은 높이고 열량은 낮춰 콩의 소화까지 도와준답니다. 비타민A 섭취를 도와 눈 건강에도 좋고 단백질이 풍부한 강정 요리예요.

**재료&
만드는 방법**

불린병아리콩	2컵	뮤즐리	3큰술
꿀	2큰술	달걀	1개
전분가루	3큰술		

단호박꿀소스) 찐단호박 1/6개 / 꿀 1큰술 / 매실청 1큰술 / 물 3큰술

❶ 불린 병아리콩을 끓는 물에 5분간 삶은 후 수분을 제거한 다음 재료와 버무려 반죽해 준다.

❷ 동글동글 모양을 만들어 예열한 기름에 노릇하게 튀겨준다.

　(숟가락을 활용하면 수월해요)

❸ 단호박 꿀 소스를 팬에 센 불로 끓인 후 튀긴 강정을 넣어 잽싸게 버무려 준다.

옥수수

7~8월 | 100g · 40kcal

옥수수는 껍질부터 수염과 옥수숫대까지 모두 영양성분이 뛰어나다. 식량과 가축의 사료로도 사용하는 쓰임새가 많은 구황작물로 단백질, 칼륨, 아연, 비타민E, 철, 당질, 칼륨이 풍부하다. 옥수수수염 하나에 씨방이 한 개씩 연결되어 있기 때문에 옥수수수염 개수와 옥수수알갱이 수가 같다.

주요효능 식욕을 증진 시키며 소변을 잘나가게 하고 습기를 제거한다.
노화(피부)방지 / 동맥경화예방 / 부기완화 / 신장질환개선 / 위장건강 / 피로회복
(부작용) 소변이나 대변을 자주 보는 사람은 피하는 것이 좋다.

싱싱 채소 구별법 껍질이 있는 경우 껍질이 단단하게 잘 싸여 있으며 말라있는 것보다 촉촉한 것이 좋다. 옥수수알은 통통하고 단단하며 알 사이사이 틈새가 빈틈없이 꽉 차 있는 것이 좋다. 수염은 촉촉함이 있고 짙은 갈색이 좋다.

올바른 세척법 껍질을 벗겨 수염 부분을 잘라 흐르는 물에 씻고 수염 부분을 찬물에 담가 흔들어 가며 꼼꼼하고 깨끗이 세척 한다.

똑똑한 보관법 옥수수 껍질에 감싼 후 위생봉투나 랩에 싸서 냉장 보관한다. 오래 두고 먹을 땐 삶아준 후 알알이 떼어 용기에 담아 냉동 보관한다. 수염은 깨끗이 씻은 후 건조기나 햇빛에 말려 차나 물로 끓여 마시면 좋다.

 ## 무엇이든 물어보세요

Q 통조림 옥수수와 일반 옥수수의 영양소 차이는?

A 아무래도 통조림은 공정과정을 거치고 첨가물이 들어가 있어 일반 옥수수가 통조림보다 영양소가 더욱 잘 보존 되어있다고 할 수 있어요.

Q GMO가 아닌 옥수수를 구매하는 방법은 없을까요?

A GMO 식품이란 유전자 조작 식품을 말하는데 Non-GMO이라고 표기된 옥수수를 구매하시면 됩니다.

Q 옥수수를 맛있게 찌는 노하우가 있을까요?

A 옥수수를 물에 담갔다가 찌면 맛도 떨어지고 영양성분과 수분이 빠져나갈 수 있어 찜통에 쪄내는 것이 훨씬 맛있어요. 김이 오른 찜통 채반 위에 옥수수수염을 깔고 껍질을 벗긴 옥수수를 얹은 다음, 위에는 껍질을 꼼꼼하게 덮어 중간보다 약한 불로 15~20분 정도 쪄주세요.

Q 옥수수 알의 색깔이 노란색이 아니고 갈색인 경우가 있는데 이는 왜 그런 걸까요?

A 외피, 호분층, 씨눈 씨젖의 유전적인 차이 때문이라 할 수 있습니다. 인체에 해가 되는 건 아니니 안심하셔도 됩니다.

포크를 활용하면 삶은 옥수수알을 쉽게 떼어낼 수 있어요. 옥수수알을 떼어내고 남은 대도 버릴 거 없이 물에 넣어 끓여 드시면 입속의 염증예방과 치유에 도움이 됩니다. 옥수수는 그대로 쪄먹기도 구워 먹기도 하지만 삶은 옥수수알을 떼어 냉동 보관해두고 지은 밥에 넣고 버무려 먹거나 샐러드 토핑으로 활용하면 좋아요.

| 옥수수알 게살수프 |

옥수수알에는 14% 정도의 수분이 들어 있는데 톡톡 씹히는 식감과 게살의 부드러운 풍미를 함께 즐길 수 있는 수프예요. 식사 대용으로도 충분할 만큼 포만감이 있어요. 옥수수를 미리 삶아 알을 다 떼어놓고 냉동 보관한 후에 요리할 때마다 넣어 활용하면 자주 해 드시기 좋아요. 옥수수는 버릴 것이 하나도 없어요! 옥수수수염은 얼굴의 V라인을 만든다고 할 만큼 이뇨작용을 도와 붓기 빼는데 좋답니다. 수염 부분을 깨끗이 씻어 차로 끓여 마시면 시판용 옥수수수염 차보다 훨씬 맛있는 천연 음료가 됩니다. 옥수수알을 떼고 남은 옥수수 대는 입안 질환에 좋은 효과가 있어요.

재료& 만드는 방법

삶은옥수수	1개	게살	1/4컵
양파	1/6개	통마늘	2톨
치킨스톡	2컵	전분물	2큰술
참기름	1작은술	대파	1/4대

❶ 삶은 옥수수를 포크를 이용해 알알이 떼어 주고 게살은 결대로 찢어 준다.

　(옥수수 삶는 게 번거로운 경우엔 시판용 통조림을 활용해도 좋아요)

❷ 통마늘, 양파, 대파를 채 썰어 준다.

❸ 기름을 두른 냄비에 센 불로 양파, 마늘을 볶다가 치킨 스톡을 넣어 끓으면 재료를 넣어 준다.

　(치킨스톡은 액상형, 가루형, 큐브형이 있는데 기호에 맞게 물과 섞어 주세요)

❹ 전분 물로 농도를 맞춘 후 대파 채를 얹고 참기름으로 마무리한다.

퀴노아

8~9월 | 100g · 350kcal

고대 잉카제국에서 옥수수, 감자와 함께 3대 작물로 재배된 명아줏과 식물. 퀴노아의 어원은 모든 곡식의 어머니라는 고대 잉카어(페루어)에서 유래되었다. 다른 곡물과 달리 나트륨과 글루텐이 거의 없어 알레르기를 유발하지 않아 아토피가 있는 아이들에게도 좋다. 우유를 대체할 수 있는 완전한 식물성 단백질로 유제품에 민감한 반응을 보이는 분들에게도 좋아 주목받고 있다. 필수 아미노산, 칼슘, 칼륨, 단백질, 철분, 마그네슘 등이 풍부하다.

주요효능　머리를 맑게 하고 뼈를 튼튼하게 해 준다.
노화방지 / 콜레스테롤저하 / 소화촉진 / 다이어트 / 두뇌활성화 / 혈압조절
(부작용) 위장이 예민한 사람은 피하는 게 좋다.

싱싱 채소 구별법　포장용기에 습기가 차지 않고 알알이 보송보송하게 잘 말려져 있는 것. 으깨짐과 부스러짐 없이 알알이 튼튼한 것.

올바른 세척법　찬물에 담가 2~3차례 가볍게 흔들어 세척 한다.

똑똑한 보관법　통에 옮겨 담아 서늘하고 그늘진 곳에 습하지 않게 보관한다.

# 무엇이든 물어보세요

Q **퀴노아가 슈퍼푸드로 주목받는 이유는 무엇인가요?**

A 단백질, 비타민, 미네랄이 풍부하며 나트륨 함량이 적고 글루텐 함량이 없어 부종이나 아토피, 알레르기 걱정이 없다. 필수아미노산이 골고루 분포되어 있으며 일반 백미보다 단백질은 2배, 칼륨은 6배, 칼슘은 7배, 철분은 20배나 높다고 한다.

Q **퀴노아가 아토피에 도움이 된다는데 왜 그런 건가요?**

A 알레르기나 아토피를 유발하는 글루텐이 함유되지 않아서 좋습니다.

Q **퀴노아를 죽과 샐러드로 조리할 수 있나요?**

A 퀴노아를 밥을 지을 때 넣어 먹어도 좋지만 10~15분 정도 삶아 샐러드 토핑으로 얹어 먹으면 굉장히 좋고 흰쌀과 섞어 죽을 만들어 드시면 영양 가득한 건강식 죽이 됩니다.

퀴노아는 글루텐과 나트륨 함량이 거의 없어 알레르기 반응에 민감한 아이들에게도 안심하고 먹일 수 있어요. 퀴노아는 바삭바삭 바로 먹어도 되고 토핑이나 시리얼처럼 활용해도 좋고 튀김옷 입힐 때 빵가루 대신 사용하면 더욱 고소하고 바삭한 풍미를 즐기실 수 있어요.

| 퀴노아 비스킷 |

퀴노아는 영양이 풍부해 우유와 비교되기도 하는데요. 퀴노아 비스킷은 과자처럼 많은 양의 퀴노아를 한 번에 섭취하기에 좋은 메뉴예요. 바삭하게 부담 없이 섭취할 수 있는 건강 간식으로 갖고 다니면서 이동 중에 드시면 좋을 것 같아요.

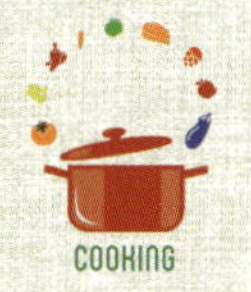

재료&
만드는 방법

퀴노아	2컵	꿀	1/2컵
코코아가루	1작은술	물	1큰술

❶ 퀴노아를 끓는 물에 한소끔 데쳐 건진 후 마른 팬에 중간 불로 충분히 볶고 나머지 재료들을 넣어 섞어 준다.

　(퀴노아가 딱딱해지지 않도록 잘 볶아 주세요)

❷ 틀에 재료를 얇게 펼쳐 냉장고에 넣고 단단하게 굳힌 후 한입 크기의 네모난 모양으로 썰어 준다.

　(틀이 없으면 접시나 쟁반, 또는 반찬 용기를 활용해도 좋아요)

FoodRan's Tip
틀에 랩을 깔고 굳히면 분리하기 수월해요

Chapter IV

지나쳤던 채소류 다시 보기

아주 오랜 시간 관객의 주목을 받지 못한 조연 배우들이 최근 '씬스틸러'라는 이름으로 주목받고 있습니다. 씬스틸러급 조연 배우는 영화의 스토리를 매력적으로 만들어 어느 순간 주인공으로 발탁되기도 하는데요, 언제부턴가 채소들 사이에도 최근에 그 진가를 인정받아 '씬스틸러'로 평가받는 경우가 많습니다. 밀싹, 마늘종, 유채나물 등이 대표적입니다. 이 채소계의 씬스틸러들이 펼치는 내 몸 안에서의 활약을 꼼꼼히 살펴보는 것이 어떨까요?

그린빈

8~10월 | 100g·35kcal

줄기 콩, 껍질 콩이라고도 부르는 껍질째로 먹는 그린빈은 식이섬유, 에스트로젠, 단백질, 클로로겐산, 비타민A, 비타민B, 칼슘, 칼륨, 엽산이 풍부한 채소다. 또한, 이소플라본 성분이 있어 천연 항암물질이라 할 수 있다.

주요효능 　노폐물을 제거하고 대소변이 잘나가게 해준다.
부종완화 / 갱년기완화 / 지방분해 / 다이어트 / 야맹증예방 / 이뇨작용 / 심장질환예방 / 유방암예방
(부작용) 소변을 자주 보는 사람은 피하는 게 좋다.

싱싱 채소 구별법 　포장용기에 물기가 많이 맺혀있지 않고 보송보송한 상태로 껍질이 무르지 않고 벌어지지 않으며 전체적으로 균일하게 초록색을 띠고 튼튼한 것.

올바른 세척법 　찬물에 담가 흔들어 가며 헹궈준 후 흐르는 물에 다시 씻어 준다.

똑똑한 보관법 　그린빈은 금세 껍질 쪽부터 수분이 생기기 때문에 무르기 쉬워 종이행주에 감싸 위생봉투에 넣어 냉장 보관한다. 바로 사용할 게 아니면 끓는 물에 살짝 데쳐 수분을 제거한 후 위생봉투에 담아 냉동 보관하며 조리 시에는 해동하여 바로 사용한다.

 # 무엇이든 물어보세요

Q 그린빈은 껍질째 먹는데 농약 걱정은 없을까요?

A 그린빈을 깨끗이 세척 하고 끓는 물에 식초나 소금을 약간 넣고 데친 후 사용하면 안심하고
드실 수 있어요.

Q 그린빈 껍질에 어떤 영양성분이 있는 건가요?

A 껍질에는 다량의 다양한 식이섬유가 들어있어요.

Q 그린빈과 잘 어울리는 재료는 무엇이 있나요?

A 타우린, 키토산, 칼슘이 풍부한 새우와 함께 드시면 서로 영양성분을 보완하여 저열량 고단
백 영양식을 즐기실 수 있어요.

무기질이 풍부한 깨 종류와 비타민이 풍부한 과일류와 함께 요리하면 더욱 균형 있는
영양성분을 섭취할 수 있어요. 그린빈은 가볍게 데쳐서 샐러드 토핑으로 드셔도 맛이
좋은데 미리 데쳐서 냉동보관 후 볶음 요리할 때마다 함께 볶아 드시면 맛과 영양을
동시에 살릴 수 있어요.

| 그린빈 들깨무침 |

껍질째 먹는 초록색 콩, 그린빈은 보통 패밀리 레스토랑이나 서양 레스토랑에서 스테이크나 볶음밥 요리의 보조메뉴로 많이 보셨을 거예요. 마트에서도 쉽게 구할 수 있는데 삶거나 구워 먹는 것도 좋지만 조금 더 특별하게 한식 느낌의 반찬으로 변신시켜 봤어요. 그린빈 들깨무침은 들깨의 고소한 풍미가 그린빈과 아주 잘 어울리며 콩과 깨의 영양 궁합도 좋은 부담 없는 건강한 무침 메뉴예요.

재료& 만드는 방법

그린빈	한줌	홍피망	1/4개
들깨양념) 들깨 3큰술 / 간장 1큰술 / 국간장 1큰술 / 올리고당, 들기름 1큰술			

❶ 그린빈을 끓는 물에 소금 약간과 함께 넣고 2분간 삶은 다음, 반으로 썰어 주고 홍피망을 가늘게 채 썰어 준다.

❷ 분량의 들깨 양념과 조물조물 무쳐 준다.

FoodRan's Tip
들깨 대신 참깨를 곱게 갈아 활용해 주어도 좋아요

바라후

10~3월 | 100g·29kcal

투명한 결정체로 뒤덮여 있는 바라후는 아이스플랜트라고도 불린다. 건조한 아프리카 사막에서 자생하기 위해 생겨난 결정체는 특이한 짠맛이 난다. 몸에 좋은 짠맛으로 미네랄과 비타민, 수분이 굉장히 풍부하다. 화장품 원료로도 사용할 만큼 피부미용에도 좋다. 별다른 소금간이 필요 없어 저염식 식품으로 알려졌다.

주요효능　노폐물을 제거하고 노화를 방지, 소갈증을 치료하고 염분조절을 해줌.
수분공급 / 항산화작용 / 혈당강화 / 다이어트 / 탈모방지 / 피부미용 / 당뇨예방
(부작용) 위장이 차가운 사람은 과다 복용을 피하는 게 좋다.

싱싱 채소 구별법　투명한 천연 소금기가 탄력 있게 반짝반짝 붙어 있는 것. 잎이 두께 감이 있고 튼튼한 것.

올바른 세척법　흐르는 물에 흔들어 가며 조심스럽게 세척 한다.

똑똑한 보관법　밀폐용기에 담아 냉장 보관한다.

무엇이든 물어보세요

Q 바라후에 붙어있는 소금결정은 많이 섭취해도 문제가 없나요?

A 바라후는 나트륨과 칼륨을 함께 지니고 있어 체내에 나트륨성분이 잔류하지 않기 때문에 걱정 없이 드셔도 됩니다.

Q 바라후를 맛있게 먹는 방법을 소개해 주세요.

A 바라후는 생으로 샐러드로 드시기에 좋은데 짠맛을 지니고 있기 때문에 다른 재료에는 간을 최소화한 후 바라후와 함께 드시면 부족한 간을 맞추어 주어 건강하고 맛있게 먹을 수 있어요. 라면이나 국을 끓이더라도 수프나 간을 조금만 넣고 바라후를 함께 곁들여 먹으면 부족한 짠맛을 더해주고 감칠맛이 살아납니다.

Q 바라후는 어느 나라 채소인가요?

A 남아프리카가 원산지입니다.

바라후는 먹어 보고 짭짤한 맛에 놀라는데 나트륨이 아닌 천연소금이라 몸에 해롭지 않으니 마음 놓고 드셔도 됩니다. 샐러드나 요리에 별다른 간을 하지 않아도 되어 저염식 요리에 활용하기 좋아요. 짭짤한 맛이 있으니 단맛이 강한 양배추나 고구마 같은 채소와 함께 먹으면 좋습니다. 생으로 먹는 채소이니 자주 활용하세요.

| 바라후 쫄면 |

자연이 준 천연소금이라고 불리는 바라후는 그 자체만으로 짭짤한 맛이 있어 요리에 활용 시, 별다른 간을 하지 않고 저염식으로 즐기기에 좋은 채소예요. 잎과 줄기에 투명한 결정체인 얼음알갱이가 맺혀 보인다 하여 아이스플랜트 라고도 불리는데 아삭한 식감과 시원한 청량감이 있어 입안을 개운하게 해줍니다. 쫄면으로 활용해 드시면 잎 안에 찝찝하게 남는 여운이 아닌 개운한 여운을 경험할 수 있습니다.

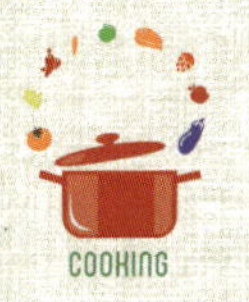

**재료 &
만드는 방법**

바라후	3잎	오렌지	1/2개
새싹	적당량	쫄면	130g

양념) 고추장, 케첩 1큰술 / 식초 2큰술 / 고춧가루 1큰술 / 올리고당 1큰술
　　　연겨자 1/2작은술 / 다진마늘 1/2작은술 / 참기름, 깻가루 1큰술

❶ 바라후를 손으로 찢어주고 오렌지를 슬라이스 해준다.

❷ 쫄면은 끓는 물에 삶아 찬물에 헹궈 준다.

❸ 분량의 양념과 삶은 쫄면을 버무려 담은 후 바라후와 재료를 얹어 준다.

　(면만 양념과 버무려야 곁들임 재료에서 물도 덜 생기고 식감과 맛을 살릴 수 있어요)

오렌지 대신 귤이나 키위처럼 과육이 풍부한 과일로 대체해 주어도 됩니다

세발나물

10~4월 | 100g·37kcal

새의 발 모양 같다고 이름 붙여진 세발나물은 칼슘 함량이 굉장히 풍부하고 미네랄 또한 풍부해 뼈 건강에 좋은 채소다. 소금기가 많은 청정한 갯벌에서 자라는 천연 피로회복제 식물인 세발나물은 게르마늄, 비타민C, 철분도 풍부하다.

주요효능　노폐물을 제거하며 뼈를 튼튼하게 해주고 대변을 잘 보게 해준다.
피로회복 / 고혈압예방 / 신진대사원활 / 변비예방 / 노화방지 / 식욕억제 / 포만감증진 / 면역력강화 / 기억력개선 / 당뇨예방
(부작용) 설사를 자주 하는 사람은 피하는 게 좋다.

싱싱 채소 구별법　균일하게 연녹색을 띠고 짓무르지 않고 줄기 모양이 살아 있고 젖어 있지 않은 것.

올바른 세척법　연하기 때문에 모양새가 망가지지 않게 흐르는 물에 조심스럽게 헹궈 준다.

똑똑한 보관법　종이행주에 가볍게 감싸 눌리지 않도록 용기에 넣어 냉장 보관한다.

 # 무엇이든 물어보세요

Q 왜 이름이 세발나물인가요?

A 잎과 줄기가 가늘고 길쭉하다고 붙여진 이름이에요. 새의 발 모양 같이 생겨서 세발나물이라고 불리기 시작했다고도 합니다. 갯벌에서 자란다고 하여 갯나물 이라고도 합니다.

Q 세발나물은 제철이 따로 있나요?

A 10월부터 4월까지 수확을 하는데 이 중에서도 10월이 가장 맛있는 제철이라 할 수 있습니다. 겨울부터 봄까지 마트에서 쉽게 찾을 수 있어요.

Q 세발나물을 맛있게 먹는 방법은 뭔가요?

A 세발나물은 맵고 쓴맛도 적고 잎도 여려서 생으로 먹기에 아주 좋습니다. 무침은 너무 다양한 양념을 하는 것보다는 참기름이나 들기름을 넣고 간장 약간만 넣어 버무려 주고 구운 생김과 함께 밥에 싸먹으면 정말 맛있어요. 샐러드채소로 드셔도 좋지만, 시금치보다 칼슘이 20배나 많기 때문에 성장기 아이들에게는 우유나 과일과 함께 갈아서 건강음료로 마시면 굉장히 좋아요. 달걀말이 안에 넣어 말면 아이들 영양 반찬으로도 좋고요. 부추전처럼 잔뜩 풍성하게 얹어 전으로 부쳐 먹으면 쫀득한 풍미를 느낄 수 있어요. 그리고 골뱅이 무침이나 도토리묵 무침과 같은 요리에도 듬뿍 곁들여 드시면 나트륨 배출에 도움이 됩니다.

Q 세발나물을 채취할 때 어떤 방법을 쓰나요?

A 세발나물은 갯벌에서 염분을 먹고 자라는 나물로 어린순을 채취하기 때문에 모든 과정은 수작업으로 이루어집니다.

세발나물은 시금치보다도 칼슘이 풍부한 채소라 성장기 아이들한테 아주 좋아요. 우유와 함께 갈면 초록 색깔의 예쁜 음료가 되는데 매우 고소하고 채소가 들어갔다는 생각을 잊은 채 건강하게 드실 수 있어요. 가열할 땐 살짝만 익혀서 영양소 파괴가 되지 않게 조심하세요.

| 세발나물 튀김 |

갯벌에서 자라는 세발나물은 쓴맛이 없고 고소한 풍미가 일품이랍니다. 억세지 않아 부드럽게
먹기 쉬워 튀김으로 활용하면 빠른 조리와 함께 아삭 바삭하게 드실 수 있답니다.

**재료&
만드는 방법**

세발나물	한줌
튀김반죽)	전분가루 3큰술 / 빵가루 3큰술 / 달걀 1개 / 소금 약간 / 물 1/4컵
매실청소스)	매실청 2큰술 / 레몬즙 1큰술 / 간장 1큰술

❶ 세발나물을 찬물에 흔들어 씻은 후 수분을 제거한다.

❷ 분량의 튀김반죽을 섞은 후 세발나물을 묻혀 기름을 두른 팬에 한 숟가락씩 얹어 센 불에서
튀기듯이 바삭하게 구워 준다.

(밑면 색깔이 바싹 노릇해지면 한 번만 뒤집어 양면이 같은 색감이 날 때, 체로 건져 주세요)

❸ 분량의 매실청 소스를 곁들여준다.

FoodRan's Tip
육류나 해산물이 아닌 여린 나물이기 때문에 센 불로
빨리 튀겨 드셔야 더욱 맛있게 드실 수 있어요

밀싹

1~3월 | 100g·17kcal

밀의 여린 싹으로 건강기능 식품이다. 미용 비누의 재료로도 이용될 만큼 피부 건강에 좋고,
체내의 독소 제거에 효능이 있어 해독 주스, 디톡스 주스로도 유명하다. 식이섬유, 엽록소, 비
타민B, 비타민C, 비타민E, 아미노산 등이 풍부하다.

주요효능 술독에 의한 열을 제거하고 황달을 치료하며 가슴의 열을 내림.
변비예방 / 피부미용 / 다이어트 / 신진대사원활 / 독소제거 / 피부재생 / 중
금속분해 / 항암효과
(부작용) 위장이 차가워 설사를 자주 하는 사람은 피하는 게 좋다.

싱싱 채소 구별법 잎이 싱싱하게 뻗어 있고 누렇게 시들지 않은 것.

올바른 세척법 흐르는 물에 흔들어 가며 깨끗이 세척 한다.

똑똑한 보관법 신문지나 종이행주에 감싸 봉투에 넣어 냉장 보관한다.

무엇이든 물어보세요

Q 밀싹이 갑자기 주목받는 이유는 뭔가요?

A 미디어를 통해 디톡스 관련 건강정보 프로그램이 자주 소개되고 유명 연예인들과 로푸드 (Raw food)전문가들을 통해 밀싹이 디톡스에 탁월하다고 소개되면서 대중들의 관심이 증가 했습니다. 밀싹은 해독작용이 뛰어나고 아토피 치료 및 피부 미용에도 아주 좋은데요, 성분의 70%가 엽록소로 구성되어 산소가 풍부하고 10가지가 넘는 비타민과 20가지 넘는 아미노산이 함유되어 있습니다. 일반 녹황색 채소보다 아주 많은 영양소를 가지고 있다고 할 수 있는데 단순 비교하면, 밀싹 1kg에 일반 채소 23kg에 버금가는 파이토 케미컬 성분을 함유하고 있다고 해요. 밀에서 난 싹이 밀싹이지만 밀과 밀싹의 영양성분은 아주 다릅니다.

Q 밀싹주스 말고 밀싹을 활용한 맛있는 요리 방법은 뭐가 있을까요?

A 밀싹은 일반적인 녹색 채소를 대체하여 활용할 수 있어요. 김밥 속 재료로 활용해도 좋고 피자 토핑과 샌드위치 속에 넣어도 부담 없이 맛있고 건강하게 드실 수 있어요. 베이컨이나 얇게 썬 소고기 안에 밀싹을 넣고 돌돌 말아 팬에 구워 먹어도 별미예요.

Q 밀싹을 집에서 기를 수 있나요?

A 밀싹은 집에서 기르기가 쉽고 일주일 정도만 지나면 알맞게 자라기 때문에 안전하고 건강하게 지속해서 복용을 원하신다면 집에서 직접 재배하시는 것도 좋은 방법입니다.

Q 밀싹을 기르면 몇 번까지 잘라 먹을 수 있나요?

A 키우는 환경에 따라 다르지만 2~3번 정도는 잘라 먹을 수 있습니다. 보통 15cm 정도의 길이가 되면 잘라주는데 자를 때, 2~3cm 정도는 남기고 잘라주면 됩니다.

밀싹은 잎 자체가 여리고 체내 독소를 제거하는데 탁월한 디톡스 채소라, 생으로 그냥 드시거나 우유나 과일과 함께 주스로 갈아서 드시면 좋아요. 익혀서 드실 때에도 너무 뜨겁게 가열하지 않는 게 좋습니다. 단백질이 풍부한 식품과 함께 드시면 영양 균형을 잘 맞출 수 있어요. 콩이나 생선 등과 함께 드시면 좋아요.

| 밀싹 김말이 튀김 |

밀싹은 디톡스 채소로 불리는 만큼, 변비예방에도 굉장히 좋아 변비로 괴로워하시는 분들에게 추천하는 채소예요. 김말이튀김엔 보통 당면이 들어가는데, 당면을 튀기면 기름흡수가 많아 열량이 높아지고 느끼해져요. 밀싹 김말이 튀김은 김 속을 밀싹으로 꽉 채워 겉만 바싹하게 튀겨 건강함과 고소함을 더한 메뉴예요.

김은 나트륨, 칼륨, 철, 무기질 등 영양소가 풍부하며 비타민A의 공급원으로 밀싹과 함께 섭취하면 몸속에 영양흡수를 활성화 시킵니다. 저열량 다이어트식인 튀김이니 부담 없이 드셔 보세요.

재료&
만드는 방법

밀싹	한줌	김	2장
불린당면	100g	밀가루	2큰술

당면양념) 간장 3큰술 / 참기름 1큰술 / 깨 약간 / 다진마늘 1/2작은술

튀김반죽) 튀김가루 1/2컵 / 달걀 1개 / 물 1/2컵 / 녹차가루 1작은술 / 소금 약간

❶ 불린 당면을 끓는 물에 5분간 삶아 당면양념 재료와 버무려 준다.

  (말린 당면은 찬물에 15분 정도 불려주세요)

❷ 김 위에 당면과 밀싹을 얹어 돌돌 말아 절반 썰어 준다.

❸ 밀가루를 묻힌 다음, 튀김반죽을 묻혀 예열 된 기름에 센 불로 튀겨 준다.

  (기름은 재료가 절반 정도 잠기게만 팬에 담고 김말이를 굴리면서 골고루 튀겨주세요)

FoodRan's Tip
자를 때 칼보단 가위로 자르는 게 모양유지가 수월해요

마늘종

3~5월 | 100g · 51kcal

마늘의 줄기가 마늘종이다. 다시 말하자면 마늘종의 뿌리가 마늘이다. 입맛을 살려주는 최고의 밑반찬 재료로 우리나라에 예부터 알려진 마늘종은 오늘날 세계적인 슈퍼푸드로 인정받고 있으며 알리신, 클로로필, 카로틴, 비타민C 등이 풍부하다.

주요효능　해독작용이 있으며 동상을 치료.
수족냉증치유 / 면역력증강 / 혈액순환 / 살균작용 / 항균작용 / 비만예방 / 고지혈증 / 콜레스테롤저하 / 항산화효능
(부작용) 위장이 약하거나 열성 질환을 앓을 때에는 과다섭취를 피하는 게 좋다.

싱싱 채소 구별법　색이 누렇지 않고 연두 빛깔을 고르게 띠고 있고 일정한 두께로 단단한 것.

올바른 세척법　흐르는 물에 흔들어 가며 깨끗이 세척 한다.

똑똑한 보관법　랩에 감싸 공기가 통하지 않게 한 후 냉장보관 해 준다.

무엇이든 물어보세요

Q 통마늘과 비교했을 때, 맛과 영양에서 어떤 차이가 있나요?

A 마늘이 마늘종에 비해선 더욱 맵고 알싸한 맛이 납니다. 둘 다 유화아릴과 알리신 성분이 있어 항균작용, 항산화 작용으로 항암효과가 있습니다.

Q 마늘종과 마늘 대는 어떻게 다른가요?

A 마늘종은 마늘 대 위로 자란 마늘 꽃의 줄기이고 마늘 대는 마늘 위로 자란 이파리를 말합니다.

Q 마늘종을 뽑을 때, 쉽게 뽑는 방법은?

A 마늘종을 잡아당겨 뽑는데 잘 안 뽑히면 뽑지 않고 그냥 끝쪽을 바짝 잘라 주면 됩니다.

Q 마늘종을 생으로 먹어도 되나요?

A 마늘종은 마늘보다 매운맛이 덜해 생으로 먹기에 부담되지 않고 아삭하고 상큼하기 때문에 생으로 먹으면 좋아요. 특히 느끼한 돼지고기를 구워 먹을 때, 생으로 곁들여 먹으면 비타민 B1의 흡수를 도우며 콜레스테롤을 낮춰 주어 좋습니다.

마늘종은 마늘과 비슷하면서도 또 다른 알싸한 향이 매력적인데요, 느끼한 요리와 함께 마늘종을 피클이나 장아찌 같은 곁들임 반찬으로 만들어 드시면 좋아요. 마늘종에는 다른 영양성분에 비해 칼슘이 부족한데 이를 보충해주는 멸치나 새우를 곁들여 요리하면 영양균형도 좋고 비린 맛도 잡을 수 있어요. 김에 깻잎과 마늘종, 그리고 날치알을 넣어 쌈을 싸서 초장이나 기름장을 살짝 찍어 먹으면 입체적인 식감이 입안에 퍼져 먹는 재미를 느낄 수 있고 날치알의 비릿함도 제거할 수 있어요. 같은 방식으로 과메기를 마늘종과 함께 싸드셔도 음식궁합이 아주 좋아요.

| 마늘종 버터볶음 |

마늘종은 마늘의 알싸한 맛을 담고 있는 건강 채소예요. 보통 '마늘종 건새우볶음'을 많이들 만들어 드셨을 텐데요, 버터를 사용해 일반적인 한식 반찬을 아이들도 맛있게 먹을 수 있는 볶음 요리로 변신시켜봤어요. 마늘종 버터볶음은 버터의 풍미가 마늘종의 알싸하고 매운맛을 잡아주어 좀 더 고소하게 드실 수 있어요.

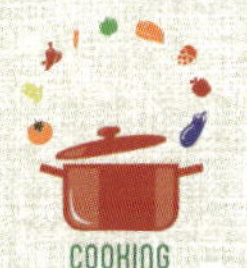

**재료&
만드는 방법**

마늘종	100g	미니파프리카	2개
양송이	3개		

버터양념) 버터 1큰술 / 소금 약간 / 후추 약간 / 간장 1큰술

❶ 마늘종을 5cm 길이로 썬은 후 끓는 물에 살짝 데쳐 준다.

  (다시 볶으면서 가열하므로 살짝만 데쳐 주세요)

❷ 미니파프리카, 양송이를 각각 한입 크기로 썰어 준다.

❸ 중간 세기의 불로 팬에 버터 양념을 두른 후 마늘종과 함께 볶다가 미니파프리카, 양송이를 넣고 다시 볶아 준다.

FoodRan's Tip
기호에 따라 치즈가루를 뿌리면 더욱 맛있어요

무순

10~12월 | 100g · 12kcal

무순은 새싹채소의 한 가지로 무의 싹을 말한다. 무의 씨앗을 뿌려 일주일가량 기르면 쌍떡잎의 무 싹이 열리는데 이 상태의 어린 무의 싹이 무순이다. 머스터드 기름으로 말미암은 특유의 톡 쏘는 듯한 매운맛과 향기가 있다. 주로 곁들임이나 장식용으로 많이 사용되는데 카로틴, 비타민A, 비타민C, 비타민B, 철분, 식이섬유 등의 영양소가 풍부한 채소이다.

주요효능 소화를 돕고 기순환을 도와주며 폐의 활동을 활발하게 해준다.
혈액순환 / 부종치료 / 식욕증진 / 빈혈예방 / 구내염 / 노화방지 / 소화작용
(부작용) 위장이 약한 사람은 다량의 섭취를 피하는 것이 좋다.

싱싱 채소 구별법 잎과 줄기가 누렇게 변하지 않고 물이 생기지 않은 것. 포장 팩에 이슬이 맺혀있지 않고 눌려 있지 않은 것.

올바른 세척법 무순은 가늘고 여리고 작아서 체에 넣고 찬물에 함께 담가 흔들어 가며 세척 한 후 그대로 건져 올려 수분을 털어 준다.

똑똑한 보관법 무순은 금방 시들기 때문에 먹을 만큼만 살 것을 권한다. 남은 무순은 종이 행주를 물에 적셔 밀폐용기 바닥에 깐 후 무순을 얹어 냉장 보관한다.

 # 무엇이든 물어보세요

Q 참치 횟집에 가면 왜 무순을 주는 건가요?

A 참치는 산성식품이고 무순은 알칼리성 식품으로 음식의 성분 면에서 궁합이 좋고 참치의 비린 맛과 느끼함을 무순이 중화시키고 소화를 도와주기 때문입니다.

Q 무순이 주재료인 음식도 있나요?

A 겉절이나 샐러드로 무순을 활용하는 게 아니라면 보통은 무순을 곁들임과 조리장식으로 활용하는데요. 무순은 숨이 금방 죽고 잎이 연약해서 주재료로 사용하는 조리법이 많지는 않습니다.

Q 무순은 무와 어떤 영양성분의 차이를 갖고 있나요?

A 무순은 무의 싹이지만 비타민과 식이섬유가 무보다 훨씬 풍부하게 들어 있습니다. 반면 해독기능과 소화효소는 무가 무순보다 더 많이 들어 있어요.

Q 무순과 궁합이 맞는 채소는?

A 양상추와 함께 섭취하면 몸의 노폐물을 제거해 독소배출에 좋아요.

참치회와 함께 무순을 많이 먹지만 정작 가정에서는 무순을 그다지 많이 사용하지는 않는데요, 값도 저렴하고 영양소도 풍부해서 비빔국수, 비빔밥, 김밥 등에 넣어 먹으면 무순을 부담 없이 즐기실 수 있어요.

| 무순 날치알 비빔밥 |

무순은 주로 요리의 토핑이나 회와 함께 먹는 곁들임 찬 정도로만 생각하시는데요, 독소배출에 굉장히 효과가 좋고 혈액순환을 도와 부종을 해소하는 건강 채소입니다. 무순 한 팩을 사면 조금 사용한 후 나머지는 냉장고에 오래 넣어두었다가 결국 시들어서 버리게 되는 경우가 많은데, 비빔밥 주재료로 넣어 드시면 많은 양의 무순을 섭취할 수 있고 날치알의 비린 향도 중화시켜주어 좋습니다. 영양은 풍부하고 가격은 저렴하니 부담 없이 많이 섭취하세요!

COOKING

재료&
만드는 방법

무순	1/2팩	날치알	1/4컵
밥	1공기	당근	4cm×2cm
김가루	1큰술		

양념) 간장 2큰술 / 참기름 1큰술 / 연와사비 1/2작은술

❶ 당근을 가늘게 채 썰어 준다.
❷ 밥 위에 재료들을 담고 분량의 양념을 곁들여 준다.

유채

10~4월 | 100g · 32kcal

많은 연인이 제주도 여행 중에 사진을 찍는 꽃밭으로 잘 알려진 유채는 씨에서 기름을 얻기 위한 작물이라 '유채'란 이름으로 불리게 되었다고 한다. 최근에 건강한 기름으로 알려지면서 카놀라유라는 이름으로 가정에서도 유채기름을 많이 사용하고 있다. 유채는 벌꿀을 얻기 위한 밀원 식물이기도 하며 우리가 나물로 먹는 유채는 유채 꽃이 피기 전 상태의 어린 상태의 줄기와 잎을 가리킨다. 유채는 칼슘, 비타민A, 비타민C, 비타민B, 식이섬유가 풍부하고 피를 맑게 해주는 채소로도 유명하다.

주요효능 피의 열을 식히며 어혈을 없앤다. 종기를 가라앉히며 장을 윤택하게 해서 변비를 해소.
피부염 / 산후복통 / 피로회복 / 청혈작용 / 뼈건강 / 면역력증가 / 스트레스완화 / 신진대사원활
(부작용) 평소 대변이 묽은 사람은 피하는 게 좋다.

싱싱 채소 구별법 잎들이 줄기와 함께 싱싱하게 모양이 잡혀 있는 것. 줄기가 무르지 않고 포장이 무순이 눌리지 않게 되어있는 것.

올바른 세척법 찬물에 담가 흔들어 세척 한 후 체에 담아서 다시 한번 세척 한다.

똑똑한 보관법 축축하게 물기를 묻힌 신문지에 눌리지 않게 감싼 후 냉장 보관한다.

 ## 무엇이든 물어보세요

Q 나물은 왜 꽃이 피기 전 상태를 주로 식용으로 쓰는 건가요?

A 꽃이 피기 전의 어린줄기와 잎이 연하고 부드럽고 영양소도 풍부하고 독도 없어서 먹기에 좋아요.

Q '하루나'라고 해서 일본에서 유채를 즐겨 먹는 걸로 알려졌는데 유채를 활용한 일본 요리는 무엇이 있나요?

A 절임이나 샐러드 또는 튀김으로 주로 활용합니다.

Q 유채로 김치를 담글 수 있나요?

A 유채를 소금에 살짝 절인 후 김치 양념에 버무려 유채김치를 담가 먹습니다.

유채는 느끼한 육류와 함께하면 맛도 좋고 영양도 보완해 줍니다. 유채를 무쳐서도 먹지만 생선찜에 함께 넣어 먹으면 향기도 배어나고 비린 맛도 잡아줍니다.

| 유채 훈제 오리무침 |

유채 훈제 오리무침은 유채의 알싸한 맛이 오리의 느끼한 맛을 잡아 주어 더욱 담백하게 드시기 좋은 오리요리예요. 몸에 이로운 불포화 지방산의 오리기름이 유채와 함께 건강하게 흡수되는 메뉴입니다. 오리고기를 쌈 채소와 따로 싸 먹는 게 아니고 새콤한 겨자소스와 함께 버무려 드시기 때문에 먹기에 간편하고 손님초대 요리로 푸짐하게 내놓기도 좋아요.

재료 & 만드는 방법

유채	한줌	슬라이스훈제오리	1컵
적양배추	2장	양파	1/6개
파프리카	1/4개		

겨자소스) 연겨자 1큰술 / 사과즙 3큰술 / 식초 1큰술 / 올리고당 2큰술 / 다진마늘 1작은술 / 후추 약간

❶ 유채를 손으로 뜯어 주고 채소들을 가늘게 채 썰어 준다.

❷ 훈제오리는 끓는 물에 1분간 데친 후 찬물에 가볍게 헹궈 식혀 준다.

  (데친 훈제오리를 사용하면 기름기가 제거되어 더욱 담백하게 드실 수 있어요)

❸ 모든 재료를 분량의 겨자소스와 조물조물 버무려 준다.

FoodRan's Tip
봉지 포장된 슬라이스 훈제오리는 마트 육류 냉장코너에서 쉽게 살 수 있어요

죽순

4~6월 | 100g·13kcal

대나무의 땅속줄기에서 돋아나는 어리고 연한 싹인 죽순은 예부터 한국 일본 중국 등에서 약재나 요리의 재료로 이용되고 있다. 워낙 영양이 풍부해 제철보약, 대나무가 준 선물이라 불리는 죽순은 단백질, 칼륨, 식이섬유, 글루타민산, 비타민B, 비타민C가 풍부하다.

주요효능 　가래를 없앰. 심화를 가라앉히고 종기를 터트림.
비만예방 / 고혈압예방 / 변비예방 / 염분배출 / 고혈압예방 / 콜레스테롤저하 /
갈증해소 / 원기회복 / 불면증해소 / 스트레스해소
(부작용) 평소에 위장이 차가운 사람은 과다 섭취를 피하는 게 좋다.

싱싱 채소 구별법 　마르지 않고 단단한 것. 속 단면 결이 말라 갈라지지 않고 매끈하고 촉촉한 것.

올바른 세척법 　껍질이 있는 죽순은 절반을 길게 갈라서 겉껍질을 제거한 후 속까지 흐르는 물에 세척 한다. 생 죽순은 요리 시에 물에 한번 데친 후 조리해야 수산이 잘 제거 되어 건강하게 먹을 수 있다.

똑똑한 보관법 　손질된 죽순은 색과 맛이 변할 수 있다. 밀폐용기에 찬물을 담고 설탕을 약간 푼 다음 죽순을 담가서 냉장 보관한다. 오래 두고 보관할 시에는 수시로 물을 갈아 준다.

 무엇이든 물어보세요

Q 죽순의 떫은맛을 없애는 효과적인 방법은 무엇이 있을까요?

A 쌀뜨물에 삶으면 아린 맛과 떫은맛을 제거할 뿐 아니라 죽순의 독성도 중화시켜 줍니다.

Q 죽순이 중국요리에 자주 사용되는 이유는 무엇인가요?

A 죽순은 중국 하남지방이 원산지예요. 중국 사람들이 많이 즐겨 먹기 때문에 자연스럽게 요리 재료로 사용됩니다. 콜레스테롤을 낮춰주어 비만을 예방하고 돼지고기와 궁합이 좋아 돼지고기를 주로 사용하는 중국요리에 자주 활용되는 측면도 있습니다. 볶음 요리에도 잘 어울리며 음식의 모양을 내기에도 좋은 재료입니다.

Q 죽순의 석회질을 제거해야 한다는데 그 이유는 무엇인가요?

A 죽순의 석회질은 떫고 아리고 쌉쌀한 맛이 나며 특유의 냄새가 있는데 이를 제거해야만 맛있게 먹을 수 있습니다. 쌀뜨물에 삶으면 제거됩니다.

죽순은 '시아노겐'이라는 독성분이 있기 때문에 생으로 먹지 않는 게 좋아요. 돼지고기와 함께 볶으면 기름 냄새를 제거해 주고 콜레스테롤을 낮춰주어 음식 궁합이 좋아요. 국이나 찌개에 죽순을 넣으면 더욱 깔끔하고 담백한 맛을 즐길 수 있어요.

| 죽순 소시지 스파게티 |

대나무의 새순인 죽순은 열량이 낮아 열량 조절에 좋은데요, 마트에서 쉽게 구입할 수 있어요. 손질이 어렵다면 통조림 캔으로 판매되는 죽순을 활용해도 좋아요. 중국요리에서 감초처럼 들어가 있는 모습을 자주 보셨을 텐데요, 소시지와 함께 스파게티 재료로 활용하면 느끼함도 잡아주고 염분배출도 도와주어요. 소시지는 햄으로 대체해도 좋은데 햄은 돼지고기의 넓적다리 살과 그 가공품을 일컫는 말이에요.

**재료&
만드는 방법**

죽순	1개	소시지	1줄
스파게티면	130g		

토마토소스) 토마토페이스트 2큰술 / 다진토마토 1/4컵 / 다진양파 3큰술 /
면육수 1컵 / 다진마늘 1작은술 / 월계수잎 2장 / 바질가루, 소금, 후추 약간

❶ 죽순, 소시지를 먹기 좋은 크기로 슬라이스하고 스파게티면은 6분간 삶아 건져 준다.

❷ 분량의 소스를 냄비에 넣고 센 불로 끓여 만들어 준다.

(다시 한번 면과 함께 끓일 것이기 때문에 농도가 너무 진하지 않게 주의하세요)

❸ 마른 팬에 센 불로 소시지를 볶다가 죽순과 만들어둔 토마토소스를 넣어 끓여준다.

(소시지 자체의 기름기가 있기 때문에 팬에 기름을 두르지 않는 게 좋아요)

❹ 면을 넣어 보통보다 약한 불로 저어가며 끓여 마무리한다.

FoodRan's Tip
스파게티는 그릇에 담고 먹을 때까지 농도가
더욱 강해지므로 이를 살펴 농도를 조절하세요

톳

3~5월 | 100g · 24kcal

파도와 함께 춤추는 나물이라 불리는 톳은 식이섬유는 물론 마그네슘, 미네랄, 칼륨, 칼슘, 철, 인 등의 무기염류가 많이 포함되어 있다. 특히 나트륨 배출 및 디톡스 효과가 뛰어나 바다가 준 선물로 불리는 톳은 식량이 부족했던 시절에는 구황용으로 곡식을 조금 섞어서 먹기도 해 이를 톳 밥이라 했다.

주요효능 뼈와 치아를 튼튼하게 해주고 장운동을 활발하게 해서 대변을 잘나가게 해줌. 동맥경화예방 / 고혈압예방 / 빈혈예방 / 뼈건강 / 심혈관계질환예방 / 발육성장 / 변비예방
(부작용) 평소 설사를 많이 하는 사람은 많은 복용을 피하는 것이 좋다.

싱싱 채소 구별법 전체적으로 일정한 크기와 두께를 유지하고 모양이 살아 있고 짓무르지 않은 것.

올바른 세척법 찬물에 담가 수차례 흔들어 가며 씻은 후 체에 담아 흐르는 물로 다시 한번 세척 한다.

똑똑한 보관법 물기를 잘 털어 위생봉투나 밀폐용기에 담아 냉장 보관한다.

 **무엇이든 물어보세요**

Q 톳은 왜 삶으면 초록색으로 변하는 건가요?

A 톳은 해조류 중에서도 갈조류에 속해 보조색소로 갈색을 지니고 있어요. 가열하면 원래 해조류의 색깔인 녹색으로 변하는 것입니다. 톳을 삶을 때 초록빛으로 변하면 바로 꺼내 찬물로 헹궈 드시면 됩니다.

Q 톳은 기름에 볶으면 안 좋은가요?

A 톳을 데쳐서 나물로도 먹지만 볶아서도 먹을 수 있습니다. 대신 기름을 너무 과하게 넣어 볶으면 톳의 식감이 단단하고 질겨질 수 있고 기름을 많이 흡수하기 때문에 기름을 조금씩 넣거나 물과 함께 볶아서 조절해 줘야 합니다. 살짝 물에 데친 후 볶아 주는 것도 좋은 방법입니다.

Q 생 톳을 건조하려면 삶아서 건조해야 하나요?

A 톳은 그대로 건조하는 것이 영양소와 맛을 보존하기 좋습니다.

Q 톳의 부작용은 없나요?

A 톳은 다른 해조류에 비해 무기비소 성분이 많은데 이는 폐암을 일으킬 수 있는 성분으로 한 번에 너무 과하게 섭취하면 좋지 않다고 합니다. 하루에 100g 정도까지만 섭취하는 게 권장량입니다.

톳의 비릿한 맛을 제거하고 싶으면 톳을 삶거나 불릴 때 식초를 약간 넣어 주시면 비린 향을 완화 시킬 수 있어요. 밥을 지을 때 곡물과 함께 톳을 넣고 지으면 톳 밥이 됩니다. 옛날에 식량이 없어 톳 밥을 먹었다고 하는데 오늘날에는 톳과 탄수화물이 만나면 균형 있게 영양성분을 섭취할 수 있기 때문에 건강미용식으로 주목받고 있어요.

| 톳나물 볶음밥 |

쫄깃하고 오독오독 씹히는 식감이 일품인 톳은 볶음 요리에 좋은데요. 생소하겠지만 볶음밥에 굉장히 잘 어울려요. 칼슘과 철, 칼륨, 미네랄, 식이섬유, 철분이 풍부해 볶음밥의 영양소를 톳 하나로써 엄청나게 높일 수 있으며 빈혈에 좋으니 미용 볶음밥이라 해도 손색이 없어요. 톳의 쫄깃한 식감이 밥맛을 돋구고 베이컨의 풍미가 톳이 가진 특유의 향을 잡아주어 맛있게 드실 수 있어요.

재료& 만드는 방법

톳	1컵	베이컨	1줄
대파	1/4개	달걀	1개
실파	3줄	버터	1큰술
굴소스	1큰술	간장	1큰술
통후추	약간	밥	1공기

❶ 재료들을 잘게 다져준다.

❷ 팬에 버터를 두르고 센 불로 마늘, 베이컨을 바싹 노릇하게 볶아 준다.

　(충분히 노릇하게 볶아야 고소한 볶음밥이 완성됩니다)

❸ 팬에 ❷를 한쪽으로 치운 후 남은 자리에 달걀을 깨 넣고 스크램블 하듯 볶는다.

　(달걀은 따로 볶아 익힌 다음 함께 섞어야 달걀의 입자감을 표현할 수 있어요)

❹ 톳과 밥을 넣어준다.

❺ 굴소스, 간장, 후추를 넣고 실파를 뿌려 마무리한다.

FoodRan's Tip
볶음밥을 할 때 주걱 면으로 밥알을 뭉개듯이 볶지 말고
주걱의 각을 이용해 고슬고슬 볶아야 맛있어요!

파슬리

5월 | 100g · 31kcal

파슬리는 요리에 쓰이는 대표적인 향초로 고대 그리스에서 싸움의 승자에게 주는 관을 만드는
재료로 쓰이기도 하고 무덤을 장식하는 다발로도 사용됐다. 월계수, 후추와 함께 서양요리 3대
향신료로 비타민B, 비타민C, 칼슘, 철분, 베타카로틴, 엽록소, 마그네슘이 풍부하다.

주요효능 눈을 밝게 하고 소화를 도와줌.
노화방지 / 성인병예방 / 심장병질환 / 다이어트 / 콜레스테롤저하 / 소화촉진 /
간장해독 /이뇨작용 / 류머티즘완화 / 살균작용
(부작용) 열성 질환이 있는 경우는 많은 복용은 피하는 것이 좋다.

싱싱 채소 구별법 포장용기에 짓무름이 없고 물이 고여있지 않은 것. 잎이 짙은 초록색을 띠고
곱슬곱슬한 모양이 살아 있는 것. 잎이 노랗게 변하지 않고 마르거나 꽃이
피어 있지 않은 것. 줄기가 끝까지 깨끗하고 튼튼하게 뻗어 있는 것.

올바른 세척법 찬물에 담가 흔들어가며 세척 한 후 체에 담아 흐르는 물에 다시 세척 하고
수분을 제거해 준다.

똑똑한 보관법 물을 적신 종이행주에 파슬리를 감싼 다음 위생봉투나 랩으로 포장한 후 냉
장 보관한다. 오래 보관할 경우, 줄기 부분은 육수나 수프의 향채로 활용할 수
있으니 지퍼백에 따로 담아 냉동 보관한다. 잎 부분은 잘게 다져 면포에 감싸
물에 씻어 짜낸 후 보송보송한 상태로 만들어 밀폐용기에 담아 냉동 보관한다.

 # 무엇이든 물어보세요

Q 바질, 후추, 파슬리의 차이를 알고 싶어요.

A 세 가지 다 향신료인데 바질과 파슬리는 허브의 잎이고 후추는 씨앗 종류입니다.

Q 파슬리는 통풍에 해로운가요?

A 푸린 함유량이 많은 식품은 통풍에 안 좋은데요, 파슬리는 푸린 함유량이 많습니다. 따라서 통풍이 있으시다면 과하게 섭취하지 않는 것이 좋습니다.

Q 파슬리 가루의 유통기한은 어느 정도인가요?

A 파슬리가루의 유통기한은 보통 3~4년 정도인데요, 냉장이나 냉동 보관하여 사용하면 향을 더욱 오래 유지할 수 있어요.

Q 왜 파슬리를 장식용으로 주로 사용하게 된 건가요? 파슬리를 이용한 음식은 없나요?

A 향이 진하고 모양이 또렷하다 보니 파슬리는 주로 장식용으로 활용되었습니다. 특히 파슬리의 향이 벌레들이 꼬이지 않도록 하는 효과도 있어 더욱 그런 것 같습니다. 하지만 그렇다고 해서 장식용으로만 쓰인 것은 아닌데요, 잡내 제거 재료로 많이 쓰였고 파슬리 줄기의 경우엔 스톡을 만드는데 사용되기도 했습니다. 파슬리의 진한 향을 활용하여 소스나 드레싱 또는 튀김옷을 만들면 좋고 주스로 갈아서 마셔도 이색적인 맛을 경험하실 수 있습니다.

파슬리는 많은 양을 한꺼번에 사용하지 않기 때문에 구매 후 조금만 사용하고 시들어서 버리는 경우가 많은데요. 파슬리를 꽃병에 물을 받아 꽃처럼 꽂아서 주방에 두면 상쾌함과 화사함을 줄 수 있고, 요리 시 주방의 건조한 공기와 잡내를 조금은 덜어주는 효과가 있어요.

| 파슬리 가자미구이 |

파슬리는 보통 과일 안주나 요리의 데코레이션 용도로만 많이 봐서 먹는 게 아닌 걸로 생각하시는 분들도 은근히 많이 계신 것 같습니다. 저도 어릴 적에는 그렇게 생각했었는데요, 비타민, 칼슘이 풍부한 대표적인 향초로 파슬리는 생선의 풍미는 살리고 비린 향은 줄여 주기 때문에 가자미와 함께 드시면 콜라겐, 단백질 섭취까지 할 수 있어서 피부미용에 좋은 요리가 됩니다. 가정에서 특별한 분위기를 연출 하기에 좋은 요리이기도 하니 멋진 식탁을 연출해 보세요!

재료&
만드는 방법

파슬리	한줌	가자미	1마리
버터	1큰술	레몬즙	1큰술
소금	약간	후추	약간
치즈가루	1큰술	빵가루	3큰술

❶ 가자미를 살만 포를 떠 준 후 껍질을 제거해 준다.

　(가자미 살은 앞뒤로 총 4장을 포 뜰 수 있는데 힘들면 수산물 코너에 부탁하셔도 돼요)

❷ 파슬리를 잘게 다져 빵가루, 치즈가루와 함께 섞어 포 뜬 가자미살에 골고루 묻혀 준다.

❸ 버터 두른 팬에 중간 세기의 불로 가자미를 노릇하게 구워 가며 레몬즙, 소금, 후추를 뿌려 준다.

　(레몬즙은 비린내 제거와 생선살을 단단하게 만들어 줍니다. 소금, 후추로 간을 맞춰 주세요)

FoodRan's Tip
포 뜬 동태살이나 대구살로 대체해 주어도 좋아요

Chapter V

슈퍼푸드 제대로 알고 먹기

슈퍼푸드란 영양이 풍부하고 면역력을 증가시
켜준다고 알려진 식품군을 지칭하는 말로 많
은 슈퍼푸드의 대부분을 채소류가 차지하고 있
습니다. 슈퍼푸드라는 단어는 이미 우리에게 익
숙해진 지 오래인데요, 건강, 다이어트, 피부미
용 등 다양한 목적으로 미디어에 자주 소개되
는 슈퍼푸드 하나쯤은 즐겨 먹으려고 애쓴 경
험 한 두 번씩은 있으실 겁니다. 하지만 이 같은
대중의 관심을 이용하여 많은 식품업체가 과학
적 근거가 분명하지 않은 식품에도 '슈퍼푸드'라
는 말을 붙이고 식품의 효능을 확대하거나 제대
로 된 섭취권장량을 설명하지 않고 많이 먹기만
을 강요하기도 합니다. 그래서 효능 좋은 슈퍼푸
드일수록 제대로 알고 먹는 지혜가 필요합니다.
대표적인 슈퍼푸드 제대로 한번 먹어 볼까요?

아로니아

8~8월 | 100g·47kcal

아로니아는 베리류로서 현존 최고의 안토시아닌 함량을 자랑한다. 블루베리보다 알이 조금 더 작고 단단한 아로니아는 블랙초크베리, 킹스베리, 불로매 등의 이름으로 다양하게 불리는데 블루베리의 달콤한 향기를 기억하던 새들이 아로니아를 먹고는 그 맛에 충격을 받아 쇼크가 왔다고 해서 붙여진 이름이 바로 블랙초크베리이고 중세시대 왕족이 즐겨 먹었다고 해서 킹스베리, 늙지 않는 열매라고 해서 불로메라고 불리고 있다. 폴리페놀, 카테킨, 비타민, 베타카로틴 등 여러 가지 영양 성분이 많지만, 핵심 영양성분은 안토시아닌이다. 아로니아는 블루베리의 7배, 아사이베리의 5배 가량의 안토시아닌 함량을 자랑한다. 체르노빌 원전 폭발 이후 살아남은 식물로도 알려졌다.

주요효능 혈관을 강화하고 염증을 줄여주며 열을 식혀준다.

싱싱 채소 구별법 검은빛의 광택이 나며 과실이 탱글탱글하고 깨끗한 것이 과육과 수분이 풍부하다. 열매의 알들의 크기가 일정한 것이 좋다.

올바른 세척법 붙어있는 꼭지는 제거 한 후 식초 한두 방울 넣은 물에 5분간 담가 두었다가 체에 담아 흐르는 물에 헹군다.

똑똑한 보관법 바로 먹을 땐, 봉투나 용기에 담아 냉장보관 하고, 오래 두고 먹을 땐, 세척 후 물기를 빼서 지퍼팩에 담아 냉동 보관한다. 그래야 영양 손실을 최소화시키며 오래 두고 먹을 수 있다.

무엇이든 물어보세요

Q 아로니아는 아사이베리와 블루베리보다 좋은가요?

A 아로니아가 효능이 더욱 뛰어납니다. 베리류 중 안토시아닌 성분이 1위인데 포도보다 80배 높고 블루베리의 7배, 아사이베리의 5배나 된다고 하는데요. 이뿐 아니라 항산화 물질인 폴리페놀 함유량 또한 아사이베리와 블루베리보다 단연 높다고 합니다.

Q 아로니아의 떫은맛을 잡아줄 방법으로 뭐가 있을까요?

A 아로니아의 타닌 성분 때문에 쓰고 떫은맛이 나는데 우유나 요거트 같은 유제품이나 당도가 높은 과일이나 꿀과 함께 드시면 중화시킬 수 있습니다.

Q 아로니아로 인한 부작용은 없나요?

A 아로니아의 타닌성분이 철분 흡수를 방해하여 소화 장애를 일으킬 수 있으니 소화기관이 약한 분들은 과잉 섭취를 하지 않는 것이 좋습니다.

아로니아는 우유나 치즈와 같은 유가공식품과 함께 섭취하면 칼슘을 보충할 수 있어 영양 균형상 좋을 뿐만 아니라 아로니아의 쌉쓸하고 떫은맛을 지울 수 있습니다. 간단하게 셰이크 형태로 갈아드셔도 좋고 쿠키나 머핀 등의 베이킹 메뉴로 응용해서 드시면 좋아요.

| 아로니아 호두쿠키 |

아로니아는 앞서 말씀드린 바와 같이 타닌성분이 많아서 쓰고 떫은맛이 강해 그냥 먹기 부담스러울 수 있는데요. 아로니아 호두쿠키는 이런 떫은맛을 잡아 고소하게 드실 수 있습니다. 버터가 들어가지 않아서 쉽고 간단하고 건강하게 드실 수 있어요.

**재료&
만드는 방법**

아로니아	1/2컵	포도씨유	75g
설탕	60g	소금	1/2작은술
달걀	1개	호두	1/2컵
박력분	250g	아몬드가루	60g
계핏가루	1/2작은술	베이킹파우더	1작은술

❶ 포도씨유, 설탕, 달걀을 거품기로 섞어 준다.

❷ 가루(소금, 박력분, 아몬드가루, 계핏가루, 베이킹파우더)를 함께 체치고 호두는 잘게 잘라 아로니아와 함께 섞어 반죽한다.

❸ 숟가락으로 한술씩 떠 종이 포일을 깐 오븐 팬 위에 얹어 살며시 눌러 준다.

❹ 일정한 간격으로 얹은 후 175도로 예열 된 오븐에 10분가량 구워 준다.

FoodRan's Tip

반죽끼리 붙지 않도록 일정한 간격을 두고 얹어 주세요
쿠키는 망에 펼쳐 식히면 더욱 고소하고 바삭한 풍미를 즐길 수 있어요

은행

9~10월 | 100g·183kcal

은행나무의 열매로 지독한 냄새를 풍기지만 익혀 먹으면 고소하고 영양도 풍부하여 많은 이들이 약용으로 즐겨 먹는다. 저지방 식품으로 다이어트에 좋고 한방 약재로도 다양하게 사용되는데 카로틴, 비타민C, 징코플라본 등이 풍부하다.

주요효능 폐의 기운을 수렴하며 기침과 가래를 없애 준다. 소변 등이 새는 것을 막아준다. 치매예방 / 야뇨증치료 / 숙취해소 / 혈관계질환예방 / 혈액노화방지 / 혈액순환 / 진해거담 / 신진대사원활 / 두통완화
(부작용) 독소가 있으므로 날것은 피하고 위장이 차거나 약한 사람은 복용을 주의해야 한다.

싱싱 채소 구별법 알이 고르고 모양이 균일하며 터지지 않고 탄력이 있어야 한다. 은행 특유의 향이 진하게 나는 것이 좋다.

올바른 세척법 알레르기를 유발할 가능성이 있어 위생 장갑을 끼고 소금물에 담가 수차례 헹궈 준다.

똑똑한 보관법 오랫동안 냉장 보관하면 곰팡이가 필 수 있기 때문에 팬에서 센 불로 볶아 껍질을 벗긴 후 위생봉투나 용기에 담아 냉동 보관한다. 참기름을 가볍게 버무려 보관하면 쉽게 마르지 않고 탱글탱글하고 향을 오래도록 유지 할 수 있다.

무엇이든 물어보세요

Q 은행나무에선 왜 그렇게 지독한 냄새가 나는 걸까요?

A 은행의 겉껍질인 과육에 포함된 은행산성분과 점액질성분에서 냄새가 나는 건데요, 은행을 동물이나 곤충으로부터 보호하기 위해 냄새를 활용하는 것입니다.

Q 은행에 독이 있다고 하는데 괜찮나요? 많이 먹으면 안 좋다는데 적정량은 얼마인가요?

A 은행 외피에 있는 독성분은 맨손으로 만지면 알레르기를 유발할 수 있습니다. 날것으로 먹는 것은 좋지 않으며 반드시 익혀 먹어야 합니다. 과잉섭취 시 피부 알레르기나 기관지에 무리를 줄 수가 있으므로 한 번에 과하게 섭취하지 말고 열 알 정도를 나누어 섭취하는 것이 바람직합니다.

Q 은행 껍질을 손쉽게 벗기는 방법은 없나요?

A 은행의 겉껍질이 붙어 있을 땐, 우유 팩 안에 넣거나 신문지를 도톰하게 해서 잘 감싼 후 전자레인지에서 2~5분 정도 익힌 다음 껍질을 벗기면 쉽게 작업할 수 있습니다. 겉껍질 없이 속껍질만 있는 상태에서는 마른 팬에 센 불에서 굴리며 볶다가 따닥따닥 소리가 날쯤 기름을 둘러 주걱으로 살며시 눌러가며 볶아주면 껍질이 잘 벗겨집니다.

Q 은행이 혈액순환 개선제로 탁월하다는데 왜 그런 건가요?

A 은행에는 징코플라본이라는 성분이 있는데 이는 혈액순환을 좋게 하여 혈액의 노화를 막는 효능이 있습니다.

은행은 보통 겉을 감싸고 있는 하얗고 딱딱한 껍질을 제거한 뒤 얇은 껍질만 붙어 있는 채로 마트에서 판매하고 있는데요, 딱딱한 흰 껍질이 있는 상태의 은행이 있다면 신문지에 감싸거나 우유 팩 등에 담아 전자레인지에서 2분에서 4분 정도 가열하면 손쉽게 껍질을 벗길 수 있어요. 은행은 주독을 풀어주는 효능이 있어 음주 다음날, 위에 좋은 마와 같은 뿌리채소와 함께 드시면 아주 좋습니다.

| 은행 메추리알 조림 |

은행나무의 지독한 냄새를 한 번쯤 경험해 보셨을 텐데요, 요리로 해서 먹을 땐 정말 고소하고 쫄깃하여 멈출 수 없는 중독성이 있어요. 은행 메추리알 조림은 고소한 영양 반찬으로 메추리알과 앙증맞게 한입에 쏙쏙 넣을 수 있고 쫄깃하고 부드러운 식감이 잘 어울려요. 미소 된장 양념으로 맛을 내 짜거나 자극적이지 않은 메뉴예요.

재료&
만드는 방법

은행	1컵	삶은 메추리알	1컵
건고추	1개	통생강	1톨
통마늘	3톨	대파	1/4대
참기름	1큰술	깨	약간

미소양념) 미소된장 2큰술 / 맛술, 매실청 2큰술 / 올리고당 1/4컵 / 물 1컵

❶ 은행을 기름을 두른 팬에서 센 불에 볶아가며 껍질을 벗겨 준다.

(볶을 때 굵은 소금 1큰술과 참기름 1작은술을 넣어 볶으면 고소하면서 껍질도 더욱 수월하게 잘 까져요)

❷ 냄비에 재료들과 분량의 미소 양념을 넣어 조려 준다.

(처음엔 센 불로 끓이다가 바글바글 끓으면 중간 세기보다 약한 불로 조려주다가 마무리는 센 불로 해야 맛있는 조림이 됩니다)

❸ 마무리로 참기름, 깨를 둘러 준다.

FoodRan's Tip
은행을 볶은 후 잔 껍질이 많이 붙어 있다면 체에 담아 가볍게 헹궈 주세요!

만가닥버섯

9~11월 | 100g · 38kcal

만가닥버섯은 버섯류 중 노화 방지에 효과가 가장 좋다. 다른 버섯에 비해 재배기간이 길어 조금 가격이 비싸지만 저 칼리로리라 포만감도 좋아 다이어트 음식으로도 유명하다. 단백질, 비타민D, 무기질, 칼슘 등이 풍부하다.

주요효능 뼈를 튼튼하게 해주고 노폐물을 제거.
노화방지 / 피부미용 / 변비예방 / 콜레스테롤합성억제 / 성인병예방 / 항암효과 / 동맥경화예방
(부작용) 소변을 자주 보는 사람은 적극적인 복용은 피하는 것이 좋다.

싱싱 채소 구별법 버섯 기둥이 튼튼하게 탄력 있고 전체적으로 보송보송한 상태. 갓 부분은 상처 입은 데 없이 모양이 잡혀 있으며 밑동 부분은 곰팡이가 슬지 않고 깨끗한 것. 버섯의 향이 진하게 나는 것.

올바른 세척법 버섯은 수분흡수가 빨라서 금방 수분을 흡수하여 시들어 버리기 때문에 종이행주로 토닥이거나 체에 담아 흔들어 세척 한다. 먼지나 흙이 많이 묻어 있는 경우엔, 체에 담아 생수를 부어 흔들어 세척 한 후 바로 종이행주로 수분을 흡수시켜 준다.

똑똑한 보관법 밑동을 자르지 않은 채로 종이행주나 신문지에 가볍게 감싸 위생봉투에 넣어 냉장 보관한다.

무엇이든 물어보세요

Q 만 개의 가닥이 있어 만 가닥이란 이름이 붙여진 건가요?

A 무리지어 수많은 개체가 다발성으로 자라기 때문에 붙여진 이름이에요.

Q '백만송이버섯'이라고도 하는데 그 이유는?

A 백일 정도 재배한 버섯이라고 하여 백만송이라고도 하고 백일송이라고도 부릅니다.

Q 송이가 흰색과 갈색 두 종류인데 색깔에 따라 맛과 영양성분에 차이가 있나요?

A 풍미가 미세하게 다를 순 있지만, 영양성분이 크게 차이가 나진 않습니다.

Q 만가닥버섯은 원래 맛이 좀 쓴가요?

A 만가닥버섯은 특유의 약간 쓴맛을 가지고 있습니다. 보관기간이 길어질수록 쓴맛은 더욱 진해지니 구매하자마자 빠른 시일 내로 먹는 것이 좋습니다.

만가닥버섯 밑동을 통으로 자르지 않고 함께 조리해서 드셔야 더 많은 영양소를 섭취하실 수 있어요. 마른 팬에 센 불로 버섯을 굽다가 소금, 후추, 참기름만 살짝 가미해 드시면 쫄깃한 식감과 고소한 풍미를 느끼실 수 있어요. 애호박과 함께 볶거나 찌개에 넣어 드셔도 좋아요.

| 만가닥 찐만두 |

만두하면 꼭 고기가 들어가야 한다고 생각하기 쉬운데 만가닥버섯을 넣어 찌면 고기가 들어가지 않아도 들어간 것 같은 식감을 느낄 수 있고 포만감과 열량 조절에 좋아요. 육류를 잘 먹지 못하는 분들에게 추천하기 좋은, 단백질이 풍부한 만두 요리예요.
버섯류는 물로 씻지 말고 조리 전에 마른 수건으로 가볍게 이물질들만 털어내야 더욱 쫄깃한 식감의 버섯 요리를 즐기실 수 있어요. 물로 씻거나 담가 두면 버섯이 금방 물을 흡수해서 숨이 죽고 물컹거리고 비릿해집니다.

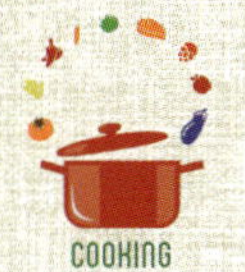

**재료 &
만드는 방법**

만가닥버섯	1컵	만두피	10장
두부	1/2모	밀가루	약간

반죽) 아몬드가루 3큰술 / 소금 약간 / 달걀 1개 / 참기름 1작은술
유자청소스) 유자청 1큰술 / 간장 1큰술 / 레몬즙 1큰술

❶ 만가닥버섯을 손질 후 두부와 함께 잘게 다져준다.

（두부는 다지면 수분이 속에서 많이 나오기 때문에 종이행주를 이용해 수분을 제거해 주세요）

❷ 분량의 반죽 재료들과 함께 버무려 준다.

❸ 만두피 한쪽 면에 밀가루를 발라 털은 후 속 재료를 반쪽에만 얹어 반달로 접어 준다.

（밀가루를 바른 후 속 반죽을 채워야 익을 때 분리되는 걸 방지할 수 있어요）

❹ 김이 오른 찜통에 얹어 8분간 찐 후 분량의 유자청소스와 곁들여 준다.

（찜은 항상 김이 오른 후 얹어야 촉촉하고 맛있게 드실 수 있어요）

만두를 반달 모양으로 만들 때, 꼭 끝 매듭을 맞물리게 붙이지 않아도 익으면서
붙기 때문에 속 재료를 듬뿍 얹어 자연스럽게 반으로만 접어주세요

미니파프리카

6~9월 | 100g · 20kcal

알록달록 앙증맞은 미니파프리카는 일반 파프리카의 장점은 더욱 살리고 단점은 보완한 영양
채소이다. 과육이 일반 파프리카보다 더 두꺼워 조리 시 영양소 파괴는 최소화시키고 더 많은
영양성분을 함유하고 있으며 저장기간도 더 길다. 단맛 또한 강하고 식이섬유, 칼슘, 인, 비타
민 등이 풍부하다.

주요효능　기혈순환을 좋게 하고 노폐물을 제거한다.
다이어트 / 기미주근깨예방 / 골다공증예방 / 성장발육
(부작용) 몸에 열이 많은 사람은 과도한 섭취를 피하는 게 좋다.

싱싱 채소 구별법　흠집과 주름이 생기지 않고 탄력있고 색감이 선명한 것. 꼭지가 튼튼하게 잘
붙어 있는 것.

올바른 세척법　꼭지만 따 준 후 꼭지 부분까지 흐르는 물에 깨끗하게 세척 한다.

똑똑한 보관법　물기가 없는 상태에서 위생봉투에 넣어 냉장 보관한다.

무엇이든 물어보세요

Q 일반 파프리카와 비교할 때 영양성분의 차이가 있나요?

A 미니파프리카가 일반 파프리카보다 비타민A, 비타민C가 더욱 풍부하고 베타카로틴 함량도 3배나 많습니다. 작은 고추가 맵다는 말처럼 파프리카의 영양이 농축되어 미니파프리카 속에 알차게 꽉 차있다고 생각하면 될 듯해요.

Q 파프리카와 피망은 어떤 차이가 있는 건가요?

A 둘 다 고추의 품종입니다. 피망은 고추라는 뜻을 지닌 프랑스어 '피몽'에서 유래한 것에서 알 수 있듯이 고추의 개량종입니다. 초록색 피망이 완숙되면 빨강 피망이 되며 영양가도 훨씬 높아집니다. 파프리카는 피망을 개량한 것으로 피망보다 비타민C가 두 배나 많습니다.

Q 색깔에 따라 영양성분에도 차이가 나는 건가요?

A 빨간색 파프리카는 캡사이신이 풍부해 다이어트, 신진대사 원활, 유해산소활동억제, 성인병 예방에 좋고 주황색 파프리카는 비타민C가 풍부하여 면역력 향상 및 피부미용에 효능이 좋습니다. 노란 파프리카에는 루테인과 제아잔틴 성분이 많아 눈 건강과 폐 기능에 좋아 노화를 방지하고 초록색 파프리카는 철분이 많아 빈혈예방에 좋습니다.

Q 미니파프리카에 어울리는 음식은 무엇인가요?

A 부족한 단백질을 보충할 수 있는 육류나 생선류와 함께 섭취하면 좋습니다.

미니파프리카는 보통 마트에서 작은 봉지 단위로 판매되기 때문에 요리를 많이 하지 않는 집에서 활용하기 좋습니다. 굽거나 볶는 요리에 많이 사용하는데 끓는 물에 한소끔 끓여 살짝 부드럽게 해준 후 과일과 함께 갈아 섭취하면 피부미용과 면역력에 좋습니다.

| 미니파프리카 바나나구이 |

파프리카의 미니 크기인 미니파프리카는 비타민과 식이섬유가 풍부하며 소화력을 높여주고 면역력에 굉장히 좋아요. 바나나는 익혀 먹으면 더욱 달고 고소하게 드실 수 있는데요, 미니파프리카 바나나구이는 색감이 예쁜 미니파프리카와 함께 한입에 쏙쏙 먹을 수 있는 건강 간식 메뉴예요. 밀가루가 아닌 쌀가루를 넣어 위에 부담 없이 드실 수 있고 채소와 과일의 만남으로 영양이 가득한 간식이에요. 미니파프리카 바나나구이로 가족의 건강을 챙기세요.

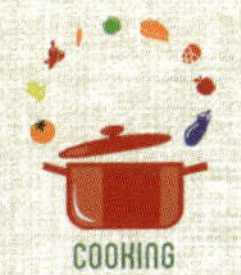

**재료&
만드는 방법**

미니파프리카	3개	바나나	1개
우유	1/2컵	쌀가루	1컵
시나몬가루	1/2작은술	메이플시럽	적당량

❶ 미니파프리카를 송송 썰어 준다.

❷ 바나나는 우유, 쌀가루와 함께 으깨 준다.

　(포크를 활용해 으깨면 수월해요)

❸ 팬에 바나나 반죽을 한입 크기로 동그랗게 얹어 준 후 파프리카를 윗면에 얹어 준다.

❹ 양면을 노릇하게 구워준 후 접시에 담아 시나몬 가루, 메이플시럽을 뿌려 준다.

방울양배추

9~3월 | 100g · 33kcal

'방울다다기양배추'라고도 부르는 방울양배추는 식이섬유의 훌륭한 원천이며 항산화 성분이 풍부하여 노화예방에도 좋다. 비타민C, 비타민U, 비타민K, 엽산, 제아잔틴, 칼슘, 칼륨, 베타카로틴, 식이섬유, 루테인, 플라보노이드가 풍부하다.

주요효능　소화를 도와주고 위장의 막힌 기운을 풀어준다. 열을 식혀줘서 술독이나 갈증을 해소 한다.

암예방 / 항산화작용 / 눈건강 / 위장강화 / 뇌신경세포손상예방 / 뼈건강 / 변비예방 / 다이어트

(부작용) 많이 먹으면 냉성 질환이 악화 된다.

싱싱 채소 구별법　잎이 누렇지 않고 포장용기 상태가 깨끗한 것. 잎들이 다 벌어져 있지 않고 탄탄하게 알맹이 모양인 것.

올바른 세척법　흐르는 물에 흔들어 가며 세척 한다.

똑똑한 보관법　랩을 씌워 공기가 통하지 않게 냉장 보관한다. 오래 두고 먹을 경우, 김이 오른 찜통에 얹어 쪄 준 후 수분을 제거한 다음 지퍼백에 넣어 냉동 보관한다. 냉동된 양배추는 과일과 함께 갈아 먹어도 좋다.

 **무엇이든 물어보세요**

Q 방울양배추가 갑자기 나타난 이유는 무엇인가요?

A 내한성이 매우 강한 방울양배추는 영양소가 더욱 알차게 들어있고 보관도 쉽고 먹기도 쉬운 채소로 알려지면서 우리나라에서도 재배와 판매가 활성화되었습니다.

Q 방울양배추 한 개와 일반 양배추 한 개의 영양성분 차이는?

A 방울양배추는 항암효과에 좋아 슈퍼푸드라고 불리는데요, 칼륨, 철, 비타민C가 일반 양배추보다 두 배 높습니다.

Q 방울양배추는 GMO 유전자 조작 식물 아닌가요?

A 아닙니다. 16세기 벨기에 브뤼셀 지방에서부터 재배되어왔으며 원래 방울양배추 종자가 있었습니다.

방울양배추는 모양이 작고 단단해서 가열하는 조리법에 잘 어울려요. 양배춧국처럼 방울양배추를 넣어 국으로 끓여 먹어도 색다르며, 삶아서 브로콜리처럼 초장에 찍어 먹거나 가볍게 굽거나 볶아서 섭취하면 풍미가 더욱 살아나요. 비타민과 칼륨이 풍부해서 염분배출에도 좋아 조림 요리에 사용하면 방울양배추 속까지 양념이 진하게 배지 않기 때문에 저염식으로 드실 수 있어요.

| 방울양배추 된장조림 |

방울양배추 된장조림은 영양과 맛을 동시에 만족할 수 있는 레시피입니다. 수분이 풍부하고 입자가 단단해서 익혀 먹어도 비타민C 파괴가 낮은 방울양배추는 돼지고기와 함께 섭취하면 콜레스테롤을 낮춰주기도 합니다. 방울양배추를 익혔을 때 나는 특유의 비릿한 향은 된장이 고소한 풍미로 잡아줍니다. 방울양배추를 쪄서 드실 때는, 김이 오른 찜통에 넣고 7분 정도 쪄 준 뒤에 식혀서 드시면 고소하면서도 달고 아삭한 양배추 찜을 드실 수 있어요.

재료& 만드는 방법

방울양배추	1컵	다진돼지고기	50g
양파	1/6개	당근	4cm×2cm
통마늘	3톨	된장	1큰술
맛술	1큰술	물	1/2컵
참기름	약간		

❶ 양파, 당근을 잘게 다지고 마늘은 슬라이스 한다.

❷ 냄비에 센 불로 다진 돼지고기와 마늘을 볶다가 양파, 당근을 넣어 볶아준다.

　(돼지고기 자체에 기름이 있으니 기름을 두르지 않고 볶다가 눌어붙기 전에 물을 한두 큰술 끼얹어 가며 볶아주세요)

❸ 방울양배추, 된장, 맛술, 물을 넣고 센 불로 끓여 준다.

❹ 농도가 생기면 참기름을 둘러 불을 끄고 버무려 마무리한다.

FoodRan's Tip
다진 돼지고기 대신 다진 소고기로 대체해 주어도 좋아요

브로콜리

11~4월 | 100g · 28kcal

브로콜리는 항산화 물질이 풍부해 항암 식품으로 잘 알려진 슈퍼푸드다. 겨잣과에 속하는 짙은 녹색 채소로 녹색꽃양배추라고도 불린다. 비타민C가 풍부해 2~3송이 정도만 먹어도 하루 필요 권장량의 비타민C를 섭취할 수 있다. 칼슘, 비타민C. 비타민A, 엽산, 베타카로틴, 칼륨, 루테인, 식이섬유 등이 고르게 들어 있다.

주요효능 뼈를 튼튼하게 하고 노폐물을 제거하며 염증을 가라앉힌다.
골다공증예방 / 심장병예방 / 암예방 / 당뇨병예방 / 눈의피로감소 / 다이어트 / 염분배출
(부작용) 평소 장이 예민해서 가스가 많이 차는 경우에는 많은 양의 복용을 피하는 것이 좋다.

싱싱 채소 구별법 봉오리 부분이 노랗게 변해있지 않고 초록빛을 띤 것. 줄기가 단단하게 붙어 있고 자른 대부분의 단면이 구멍이 나 있거나 갈변이 되어 있지 않고 깨끗한 것.

올바른 세척법 송이송이 썰어 준 후 찬물에 담가 흔들어 세척 한다. 대 부분은 따로 흐르는 물에 씻어 준다.

똑똑한 보관법 수분이 없는 상태에서 랩에 감싸 냉장 보관한다. 오래 두고 먹을 경우, 송이송이 썰어 대 부분과 분리한 다음 소금을 넣은 끓는 물에 한소끔 데친다. 데친 브로콜리의 물기를 제거한 후 지퍼백에 담아 냉동 보관한다.

무엇이든 물어보세요

Q 봉오리와 줄기 대 부분의 영양소 차이는 어떠한가요?

A 칼슘과 설포라페인 성분이 꽃봉오리 부분보다 줄기 대 부분에 훨씬 높습니다.

Q 브로콜리의 어느 부분까지 먹는 것이 좋은 건가요? 줄기 대를 활용한 조리법은 무엇이 있나요?

A 브로콜리는 잎과 줄기, 대에 봉오리보다 더욱 많은 영양성분을 갖고 있어요. 그래서 버릴 것 없이 다 섭취하는 게 좋은데 줄기와 대는 봉오리에 비해 단단해서 조림이나 볶음 요리에 잘 어울려요. 씹히는 식감과 모양유지에 좋은데 너무 오래 가열하면 영양소가 파괴될 수 있으니 오랜 조리를 하지 않는 게 좋습니다.

Q 콜리플라워와 비교할 때 맛과 영양성분에서 어떤 차이가 있나요?

A 콜리플라워는 브로콜리보다 더욱 단단하고 보관기간도 깁니다. 브로콜리는 저온 보관하지 않으면 금방 색깔이 변하면서 시드는데 콜리플라워는 상온에 두어도 쉽게 시들지 않습니다. 브로콜리와 콜리플라워의 영양성분은 비슷한데, 콜리플라워가 더 많은 영양소를 가지고 있습니다. 콜리플라워가 가열 조리 시에도 브로콜리보다 영양소 파괴가 덜하다고 합니다.

Q 브로콜리 데칠 때 알맞은 시간은 어느 정도인가요?

A 브로콜리 송이 부분은 소금 넣은 끓는 물에 2분간 데치고 줄기 대 부분은 단단하여서 4~5분간 데쳐 주는 게 적당합니다.

브로콜리는 보통 봉오리 부분만 먹고 줄기나 대 부분은 모두 버리는 경우가 많은데 줄기와 대에도 영양소가 많이 들어 있어서 버릴 게 없는 채소예요. 각각 부위별로 익는 속도가 달라서 단단한 대 부분은 먹기 좋게 썰어 봉오리 부분보다 먼저 넣어 볶거나 데쳐주는 게 좋습니다.

| 브로콜리 영양밥 |

브로콜리 영양밥은 쌀에 부족한 비타민까지 섭취할 수 있는 밥으로 식감과 색감의 조화가 좋은 메뉴예요. 브로콜리는 단단한 콩처럼 오래 불릴 필요도 없이 빨리 조리되고 밥맛을 더욱 찰지고 고소하게 만듭니다. 밥을 할 때 올리브유나 참기름 또는 호두기름을 소량 넣어 지으면 더욱 윤기 있고 맛있는 밥을 완성할 수 있어요.

COOKING

재료& 만드는 방법

브로콜리	1/2송이	대추	5개
불린검은콩	1/4컵	불린쌀	2컵
물	2컵	소금	한꼬집

양념) 들기름 1큰술 / 간장 2큰술 / 들깻가루, 다진파, 다진마늘 1작은술

❶ 브로콜리를 잘게 송이송이 썰어 준다.

   (브로콜리의 단단한 대 부분도 잘게 썰어 섭취하면 좋아요)

❷ 냄비에 불린 쌀, 불린 검은콩, 대추를 얹고 물 2컵을 부어 소금을 한 꼬집 뿌려 준다.

   (쌀은 찬물에 담가 쌀알이 하얘질 때까지 15분 정도 불려주세요)

❸ 뚜껑을 덮고 센 불로 끓이다 김이 나면 브로콜리를 얹고 뚜껑을 다시 덮어 약한 불로 10분 정도 더 끓인 다음 불을 끄고 5분간 뜸을 들여 준다.

   (처음부터 브로콜리를 함께 넣으면 너무 숨이 죽어 색감이 칙칙해져요)

❹ 뚜껑을 열어 밥을 섞어 준다.

   (밥이 완성된 후 밥을 저어 김을 날려야 고슬고슬한 밥알을 즐기실 수 있어요)

❺ 분량의 양념을 섞어 만든 후 곁들여 준다.

FoodRan's Tip
밥을 할 때 소금을 한 꼬집 넣으면 알칼리성인 쌀과 소금이 만나 밥맛이 더욱 좋아져요

꽃송이버섯

6~11월 | 100g · 29kcal

'하나비라다케'라고도 불리는 꽃송이버섯은 항암효과에 좋은 베타 글루칸이 다른 버섯류에 비해 높아서 귀한 버섯으로 알려졌다. 베타 글루칸 외에도 아미노산, 미네랄, 식이섬유 등도 풍부하다.

주요효능 오장의 기운을 통하게 하며 장에 있는 독소를 제거하고 열을 식히며 해독작용을 한다.
항암효과 / 면역력향상 / 암재발예방 / 혈당수치감소 / 콜레스테롤감소 / 고혈압예방 / 당뇨예방 / 기관지강화 / 천식예방 / 혈액순환 / 체지방축적억제 / 다이어트 / 노화억제
(부작용) 많이 먹으면 습기와 열이 발생할 수 있다.

싱싱 채소 구별법 포장용기에 습기가 차서 물기가 생기지 않은 것. 탱글탱글하고 탄력이 있는 것. 갈색으로 변하지 않고 깨끗한 것.

올바른 세척법 찬물에 담가 가볍게 흔들어 세척 한 후 바로 종이행주로 수분을 제거해 준다.

똑똑한 보관법 씻지 않은 상태에서 밀폐용기에 마른 종이행주를 깔고 담아 냉장 보관한다.

무엇이든 물어보세요

Q 꽃송이 버섯을 건조할 때 주의할 점은 무엇인가요?

A 꽃송이 버섯을 찬물에 담가 흔들어 세척 후 다시 한번 흐르는 물에 씻고 수분기를 제거한 다음, 건조기나 햇빛에 말려 줍니다. 혹 삶은 다음에 말리려면 오래 삶지 마세요. 크기가 너무 작아져요. 말린 꽃송이버섯은 요리에 그대로 불려 사용하기도 하지만 갈아서 천연조미료로 활용해도 좋고 차로 우려 마셔도 건강에 좋아요.

Q 꽃송이버섯의 가격대가 천차만별인데 그 이유는 무엇인가요?

A 생산체계가 다양하고 까다로워서 제품의 질이 많이 다르기 때문입니다.

Q 꽃송이버섯으로 만들어 먹을 수 있는 보양식은 무엇이 있나요?

A 신비의 버섯이라 불리는 꽃송이버섯은 그 자체만으로 굉장한 영양소를 갖고 있는데요, 탕이나 국처럼 국물에 버섯의 효능과 풍미가 우러날 수 있는 메뉴를 추천하고 싶어요. 닭백숙이나 해물탕, 복싱탕 같은 맑은 국물 요리에 활용하면 좋아요.

Q 꽃송이버섯은 다른 버섯과 맛과 식감에 있어서 어떤 차이가 있나요?

A 다른 버섯에 비해 맛이 달고 쫄깃하고 부드러운 식감을 자랑합니다.

꽃송이버섯은 오래 가열하면 숨이 죽고 색이 갈색으로 변하기 때문에 요리 마지막 부분에 가볍게 가열해서 드시는 게 좋아요. 약간 목이버섯의 느낌과 비슷하기도 한데요, 목이버섯보다 여려서 볶음 요리 시 제일 마지막에 넣어 가볍게 볶아 주세요. 색색이 예쁜 파프리카와 함께 볶아 드시면 비타민 섭취도 높여줄 수 있어 영양도 좋고 색감도 예뻐요.

| 꽃송이버섯 배춧국 |

물결치듯 꽃잎이 모여 있는 것 같은 꽃송이버섯은 신이 내린 버섯이라는 별명을 갖고 있어요.
꽃송이버섯 배춧국은 쫄깃한 버섯의 식감과 부드럽게 익은 배추가 어우러져 소화도 잘 되는
국 요리예요. 버섯의 모양새가 간을 잘 배게 하고 영양소도 더욱 잘 흡수하게 해주어 몸에 좋
은 건강식이에요. 일반적으로 흔히 사용되는 버섯을 사용하지 않고 꽃송이버섯으로 버섯 하나
만 바꿨을 뿐이지만 전혀 다른 요리로 느껴지실 거예요.

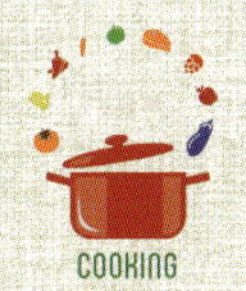

재료 & 만드는 방법

꽃송이버섯	2개	알배추	3장
된장	1큰술	홍고추	1개
쪽파	3줄	다진마늘	1작은술
다시마육수	적당량	국간장	1큰술

❶ 꽃송이버섯을 큼직하게 손으로 찢어 주고 알배추를 한입 크기로 썰어준다.

  (손으로 찢을 수 있는 음식재료는 칼로 썰지 않는 게 맛과 영양에 좋아요)

❷ 홍고추, 쪽파를 송송 썰어 준다.

❸ 냄비에 다시마육수가 끓으면 된장, 다진 마늘을 넣고 풀어 준다.

  (다시마육수는 찬물에서 손바닥 크기의 다시마 한 장을 넣고 중간 정도 세기의 불로 20분 정도 우
  려내 주면 됩니다)

❹ 꽃송이버섯, 알배추를 넣어 한소끔 끓인 다음, 국간장으로 간을 맞추고 고추, 파를 넣어 준다.

> **FoodRan's Tip**
> 국간장을 너무 많이 넣으면 색깔이 검게 변할 수 있으니 소금과 함께 활용해서 간을 맞추세요

셀러리

3~5월 | 100g · 12kcal

아삭아삭 씹히는 식감이 특징인 셀러리는 서양식 미나리라고 볼 수 있다. 독특한 향을 지니고 있어 각종 샐러드나 소스에 많이 사용되는데 당질과 지방질의 함량이 낮고 식이섬유를 다량 함유하여 체중조절 식단에도 즐겨 이용된다. 비타민B와 비타민K, 멜라토닌, 세다놀, 칼륨, 베타카로틴 등도 풍부하며 진정작용이 있다.

주요효능 마음을 안정시켜 잠이 잘 오게 하고 노폐물을 제거해 준다.

이뇨작용 / 불면증해소 / 체중조절 / 피부진정 / 변비예방 / 다이어트

싱싱 채소 구별법 줄기 굵기가 일정하게 뻗어 있고 연녹색으로 튼튼한 것. 잎은 노랗게 색이 변하지 않고 짙은 초록빛을 띤 것.

올바른 세척법 줄기와 잎 부분을 따로 분리해 각각 흐르는 물에 세척 한다. 줄기 부분은 세로 방향으로 섬유질이 붙어 있어 질길 수 있어 이를 제거하면 더욱 아삭하게 드실 수 있지만, 영양을 생각하여 가능하면 그냥 드실 것을 권한다.

똑똑한 보관법 줄기 부분은 마른 상태로 랩에 싸 냉장 보관하고 잎 부분은 젖은 신문지나 종이행주에 감싸 위생봉투에 넣고 냉장 보관한다. 함께 보관하면 잎 부분이 먼저 시들면서 수분이 생겨 줄기까지 금방 시들기 때문에 따로 보관하는 게 좋다. 대파도 비슷한 경우인데 흰 줄기 대 부분과 파란 잎 부분을 절단해 따로 보관해야 더욱 오래 보관할 수 있다.

Q 셀러리를 맛있게 먹는 방법은?

A 셀러리는 생으로 먹는 게 가장 좋은데 식이섬유가 많아 질길 수 있어 칼을 활용해 겉면에 질긴 부분은 뜯어내듯이 제거한 후 먹으면 쏩쏠한 맛과 질긴 식감이 감소해서 더욱 편하게 섭취할 수 있습니다. (그래도 되도록 그냥 전부 드셔야 몸에 좋아요) 마요네즈나 사워크림, 요거트와 같은 새콤한 풍미의 소스와 함께 먹으면 쓴맛도 줄이고 식감의 조화가 잘 어울립니다.

Q 레스토랑에서 먹는 셀러리와 집에서 요리해 먹는 셀러리의 맛이 많이 다른데 그 이유는 무엇인가요?

A 레스토랑에서는 전문 조리사가 먹기 좋게 잘 다듬어 손님이 맛있게 먹을 수 있도록 하고 잘 어울리는 소스를 곁들이기 때문에 그렇게 느껴지는 것이라 판단됩니다.

Q 셀러리의 특유의 쓴맛을 없앨 수 있을까요?

A 가열하면 쓴맛은 감소 되는데 고소한 풍미의 우유나 크림을 활용해 수프로 먹거나 과육이 풍부한 사과나 배와 함께 갈아 주스로 드시면 쓴맛의 부담을 줄일 수 있습니다.

Q 셀러리를 마요네즈에 찍어 먹으면 다이어트에 장애가 되지 않나요?

A 마요네즈 자체에 지방함량이 많아서 마요네즈만을 많이 먹으면 열량 섭취가 많아져 다이어트에 좋지 않습니다. 따라서 셀러리에 곁들일 마요네즈 소스에 과일이나 플레인 요거트를 섞어주면 열량 섭취를 낮출 수 있고 유산균과 다른 영양성분을 추가로 섭취할 수 있습니다.

셀러리는 줄기 부분만 사용하시는 경우가 많은데 잎에도 많은 영양소가 함유되어 있습니다. 버릴 것 없이 골고루 다 사용해 주면 좋아요. 셀러리 잎도 샐러드용 재료로 활용해 보실 것을 권해드립니다. 셀러리는 생으로도 먹고 볶아서도 먹는데 육수나 수프에 넣어 드시면 더욱 풍미를 살릴 수 있어요.

| 셀러리 두유수프 |

식이섬유가 풍부한 셀러리와 백태의 콩 단백질을 함께 드시는 셀러리 두유수프는 변비예방과 피부미용에 굉장히 좋은 수프 요리예요. 미용수프라고 할 수 있을 정도로 열량 부담 없이 건강하게 드실 수 있어요. 식전에 먹으면 포만감을 높여 폭식과 과식을 예방하고 속을 편안하게 해준답니다. 공부하는 수험생이나 학생들에게도 좋아요.

재료&만드는 방법

셀러리	2줄기	불린백태	1/2컵
땅콩	2큰술	우유	2컵
슬라이스치즈	1장	버터	1큰술
양파	약간	소금, 후추	약간

❶ 셀러리를 양파와 함께 채 썰어 준다.

   (셀러리의 식이섬유는 몸에 좋지만 질길 수 있어 부담스러우시면 겉면에 질긴 섬유질은 칼로 뜯어 제거하고 드세요)

❷ 불린 백태는 삶아 땅콩, 우유를 넣어 믹서기에 곱게 갈아 준다.

   (백태는 2시간 정도 불려 주는 게 좋은데 불릴 때, 자연스럽게 벗겨지는 껍질은 제거하세요)

❸ 팬에 버터를 두르고 센 불로 셀러리, 양파를 볶아 주다가 2를 넣고 끓여 준다.

❹ 치즈를 넣고 소금, 후추로 마무리한다.

FoodRan's Tip
> 고운 입자의 수프를 원하시는 경우엔, 핸드믹서나 믹서를 활용해서 한 번 더 갈아 주세요

포항초

10~3월 | 100g·30kcal

경상북도 포항에서 재배되는 재래종 시금치로 포항에서 재배된다고 하여 붙여진 이름이다.
포항 바닷가에서 바닷바람과 햇빛을 받으며 자라는 포항초는 바닷바람의 적당한 염분 탓에 더욱 좋은 맛을 낸다. 바닷바람의 영향으로 크게 자라지 못하고 뿌리를 중심으로 옆으로 퍼지며 꼭지 부분이 분홍빛깔을 띤다. 꼭지 부분이 가장 영양 성분도 풍부하고 단맛도 좋다. 일반 시금치보다 당도가 높고 저장성도 높으며 엽산, 칼슘, 철분, 비타민 등이 풍부하다.

주요효능 음기를 보강해서 갈증을 없애며 피에 있는 열을 식히고 어혈을 없앤다.
빈혈예방 / 위장강화 / 콜레스테롤감소 / 변비예방 / 혈액개선 / 피부미용 / 뼈건강
(부작용) 냉성 체질이거나 대변을 묽게 자주 보는 사람은 섭취를 피하는 것이 좋다.

싱싱 채소 구별법 뿌리 부분이 분홍빛을 곱게 띤 것. 잎이 짙은 녹색으로 너무 크고 길지 않은 것.

올바른 세척법 뿌리 끝까지 살려 꼭지 부분만 십자 칼집을 낸 후 다듬어 흐르는 물에 세척한다. 특히 뿌리 쪽의 흙을 잘 씻어 준다.

똑똑한 보관법 물기가 묻지 않은 상태에서 신문지에 싼 다음, 위생봉투에 넣어 냉장 보관한다. 오래 두고 사용하려면, 소금을 약간 넣은 끓는 물에 한소끔 데친 다음, 찬물로 헹궈 물기를 짜낸 후 주먹 크기로 나누어 위생봉투에 담아 냉동 보관한다.

 # 무엇이든 물어보세요

Q 포항초는 포항에서만 나는 건가요?

A 포항지방의 해풍을 받으며 자란다고 해서 포항초라는 이름이 붙여진 만큼 포항의 토양과 기후환경 조건에서만 맛과 영양소가 뛰어난 포항초가 됩니다. 일반시금치와 다르게 꼭지 부분에 분홍빛을 띠며 영양소가 잎과 줄기까지 모두 골고루 퍼져 있어요.

Q 포항초, 섬초, 시금치는 어떤 차이가 있나요?

A 포항초는 일반 시금치보다 키가 작고 단맛과 향이 강합니다. 섬초는 비금 시금치라고도 하는데 전라남도 신안군 비금면 비금도에서 재배되는 재래종 시금치를 말해요. 섬에서 나는 시금치라 하여 섬초라고 불리고 있는데 잎이 두꺼워서 시금치보다 씹히는 식감이 좋아요. 게르마늄 성분이 함유된 토양에서 자라는데 포항초와 마찬가지로 바닷바람 때문에 단맛이 강하고 영양소도 더욱 풍부해요. 섬초 또한 포항초처럼 꼭지 부분이 분홍빛을 띠고 있어요. 포항초나 섬초는 재배지역에 따라 다른 이름으로 불리지만 모두 다 시금치의 종류예요.

Q 포항초 끝 부분은 왜 분홍색을 띨까요?

A 바닷바람과 해풍의 염분을 받으며 자라기 때문에 그 영향으로 단맛이 상승하며 꼭지 부분이 분홍빛을 띱니다. 그래서 포항초나 섬초를 살 때 꼭지 부분의 분홍빛이 진하면 진할수록 단맛과 영양성분이 더욱 뛰어납니다.

Q 포항초 뿌리를 먹어도 되는 건가요?

A 포항초는 뿌리 부분을 중심으로 옆으로 퍼지며 자라기 때문에 뿌리 부분에 영양성분이 뛰어나요. 그러기 때문에 버릴 것이 없는 채소입니다.

시금치도 마찬가지지만 잎과 줄기 부분이 익는 속도가 달라서 데칠 때, 끓는 물에 줄기 부분이 아래로 가도록 먼저 담가 천천히 넣어 주세요. 여린 잎은 샐러드나 겉절이 재료로 활용해서 생으로 섭취하면 좋아요. 포항초는 끝의 분홍색 부분이 가장 달고 맛있고 영양소도 알차므로 끝 부분까지 잘 살려서 요리에 활용하세요.

| 포항초 냉파스타 |

포항초는 무침 아니면 국, 찌개로만 주로 드시는데 소스로 활용한다고 하면 아마 생소하실 거예요. 포항초 소스는 포항초의 영양성분을 체내에 잘 흡수할 수 있어 면과 함께 드시면 건강한 파스타요리로 드실 수 있어요. 포항초 냉 파스타는 차갑게 먹는 요리인데 샐러드처럼 부담 없이 즐기기에 좋아요. 포항초 페스토 안에 아몬드가 들어가 특유의 풋내를 잡아주어 더욱 고소하게 드실 수 있어요.

**재료&
만드는 방법**

팬네	200g	어린잎채소	적당량
포항초페스토)	포항초 100g / 아몬드 3큰술 / 치즈가루 2큰술 /		
	통마늘 2톨 / 양파 1/6개 / 올리브유 5큰술 / 소금, 후추 약간		

❶ 포항초는 손질 후 깨끗이 씻어 끓는 물에 1분간 데친 후, 찬물에 헹궈 분량의 페스토 재료들과 믹서기에 곱게 갈아 준다.

  (포항초는 뿌리 쪽의 분홍색 부분이 제일 맛있고 영양소가 풍부해서 끝 부분만 바짝 자르고 십자 칼집을 낸 후 뜯어서 손질하세요)

❷ 팬네는 끓는 물에 9분간 삶아 차갑게 식힌 후, 1과 버무려 어린잎채소와 곁들여 준다.

> **FoodRan's Tip**
> 스파게티는 삶은 후 찬물로 헹구지 않고 바람으로 식혀 주어야 면발이
> 탱글탱글해져요, 올리브기름을 발라주면 코팅 효과가 있어요

여주

6~8월 | 100g · 17kcal

열대 아시아가 원산지인 여주는 고야라고도 불린다. 신이 내린 기능성 채소라는 애칭이 있을 정도로 천연 인슐린이 풍부해 당뇨예방에 효과가 좋은 천연 기능성 식품이다. 쓴맛이 강하고 비타민C가 풍부해 갈증해소에 좋아 여름을 이겨내게 하는 채소로도 알려졌는데 오이나 토마토보다 비타민C가 5배 정도 많다. 이 밖에도 칼륨, 베타카로틴, 미네랄, 철분, 칼슘, 마그네슘, 식이섬유 등이 풍부하다.

주요효능 마음을 맑게 해주고 눈을 밝게 해준다. 염증을 가라앉히고 독을 제거한다.
피부미용 / 붓기완화 / 간기능보강 / 혈당치감소 / 항암효과 / 다이어트
(부작용) 위장이 차가운 사람은 많은 양의 섭취는 피하는 게 좋다.

싱싱 채소 구별법 노란색으로 변색 되지 않고 선명한 녹색을 띠는 것. 돌기가 울퉁불퉁 단단하게 모양이 나 있으며 겉면이 윤기가 도는 것. 눌렀을 때 물컹거리지 않고 단단한 것.

올바른 세척법 흐르는 물에 틈새까지 깨끗이 세척 한다.

똑똑한 보관법 바로 섭취하지 않을 경우, 길게 세로로 절반을 갈라 속살과 씨 부분을 파낸 후 랩에 감싸 냉장 보관한다. 장기 보관 시에는 속살과 씨를 제거한 상태에서 슬라이스 하여 용기에 담아 냉동 보관하거나 건조기나 햇빛에 말린다. 말린 여주는 차로 끓여 마시면 좋다.

 무엇이든 물어보세요

Q 여주에서는 왜 그렇게 쓴맛이 나는 건가요? 쓴맛이 영양성분과 관련이 있나요?

A 여주의 쓴맛은 강한 생명력을 지니기 위해 생긴 것으로 쓴맛은 위를 자극하여 소화를 촉진하고 다이어트에 좋은 성분이에요. 여주의 쓴맛은 혈당을 떨어뜨려 주기 때문에 당뇨에 좋고 콜레스테롤을 낮춰주어 지방분해에도 도움이 돼요.

Q 여주의 속살과 씨를 먹어도 되나요?

A 여주의 속살과 씨 부분은 영양이 풍부해 먹으면 좋아요. 다만 쓴맛이 강해서 조리 시에 도려내고 활용하는 경우가 많아요. 이렇게 도려낸 씨 부분은 말려서 차로 우려먹으면 먹기 수월해요.

Q 여주를 조리해서 먹을 때와 차로 마실 때 영양성분에 차이가 있나요?

A 여주는 영양소 파괴가 적기 때문에 가열조리를 해도 차로 마셔도 다 건강에 좋아요. 차로 마시면 수시로 마시기 좋아 물 대신 마실 수도 있어 여주만의 영양성분을 그대로 몸에 흡수시킬 수 있어요. 천연인슐린 성분이 뛰어나기 때문에 당뇨가 있으신 분들은 특히 차로 우려 수시로 마시길 권해드리고 싶어요.

Q 여주를 끓여 물처럼 먹을 때 헛개나 결명자 등을 같이 끓여도 될까요?

A 여주 자체 고유의 영양성분을 잘 흡수시키려면 다른 식품과 함께 우리는 것보다는 여주만을 활용해서 마셔야 그 효과를 볼 수 있어요.

여주는 속살과 씨 부분이 가장 맛이 쓰기 때문에 제거한 후 요리에 활용하는 게 드시기 편해요. 말린 여주는 차나 물로 끓여 마시면 이뇨작용과 피부미용, 그리고 다이어트에 좋아 여성분들이 즐겨 드시면 좋아요. 여주는 냉동하면 할수록 쓴맛이 더욱 강해지므로 소량씩 구매하여 섭취하거나 말려서 활용하는 걸 추천해요.

| 여주 새우부침 |

신비한 열매라고도 불리는 여주는 모양새는 조금 웃기고 맛 또한 굉장히 쓰지만, 영양은 만점인 채소예요! 특유의 쓴맛이 있는데 부침으로 요리하면 쓴맛을 줄이고 고소하게 드실 수 있어요. 새우와 함께 서로 부족한 영양소를 보완하며 자체의 링 모양을 활용해 모양 잡기 쉬워 일정한 같은 모양의 전을 부치기에도 좋아 예쁜 전을 완성할 수 있어요.

재료 & 만드는 방법

여주	1개	알새우	1컵
홍고추	1개	전분가루	1큰술
부침가루	2큰술	달걀	1개
두부	1/4모	다진마늘	1작은술
소금, 후추	약간		

검은깨소스) 간검은깨 3큰술, 간장 1큰술, 식초 1큰술, 매실청 1큰술

❶ 여주를 링 모양으로 얇게 썰고 한소끔 데친 후, 하얀 속 부분을 칼로 도려내 준다.

❷ 새우, 홍고추를 다져서 재료들과 함께 반죽을 만든다.

❸ 여주 링 안에 반죽을 채워 납작하게 팬에서 중간 세기의 불로 노릇하게 양면을 구워 준다.

❹ 분량의 검은깨소스를 곁들여 준다.

> **FoodRan's Tip**
> 여주의 쓴맛을 더욱 중화시키고 싶은 경우,
> 깨 소스에 올리고당이나 꿀을 섞어 단맛을 높여 주세요

아스파라거스

4~5월 | 100g · 12kcal

숙취에 좋은 아미노산의 일종인 아스파라긴이 처음 발견된 채소. 동물성 재료와 음식 궁합이 좋은 아스파라거스는 아스파라긴산 외에도 아미노산, 단백질, 칼륨, 루틴, 엽산, 비타민, 베타카로틴이 풍부하다. 그리고 식이섬유가 풍부하여 변비를 예방하고 지질함량과 열량이 낮아 체중 조절을 하는 사람에게 좋다.

주요효능　혈액순환을 좋게 하고 술독을 없애며 대변을 잘 보게 한다.
통풍예방 / 혈액순환 / 변비예방 / 당뇨병예방 / 간기능회복 / 숙취해소 / 피로회복 / 다이어트 / 성인병예방
(부작용) 속이 냉해서 가스가 잘 차는 사람은 다량 복용을 피하는 게 좋다.

싱싱 채소 구별법　봉오리 부분에 물이 생겨 짓무르지 않고 누렇게 색깔이 변하지 않은 것. 봉오리가 탱글탱글하게 모양이 잡혀 있고 보송보송한 것. 굵기가 도톰하고 일정한 모양으로 단단하게 뻗어 있으며 자른 단면이 마르지 않고 깨끗한 것.

올바른 세척법　흐르는 물에 틈새까지 깨끗이 세척 한다.

똑똑한 보관법　물을 적신 종이행주로 감싼 다음 공기가 통하지 않도록 랩으로 다시 감아 냉장 보관한다. 장기 보관 시에는 소금을 약간 넣은 끓는 물에 한소끔 데친 후, 수분을 제거하여 길이에 맞는 용기에 담아 냉동 보관한다.

 # 무엇이든 물어보세요

Q 아스파라거스를 데칠 때 잘 부러지고 뭉개지는데 좋은 방법 없나요?

A 아스파라거스를 너무 오래 데치거나 데친 후 찬물로 열기를 식히지 않으면 누렇게 변하며 무를 수 있어요. 식감과 색감을 보존하기 위해 소금을 약간 넣은 끓는 물에 1~2분간만 삶은 다음 찬물로 헹궈주시면 좋아요.

Q 아스파라거스는 대부분 구이로 먹거나 데쳐서 먹는데 왜 그런 건가요? 생으로 먹어도 되나요?

A 생으로 먹어도 좋으나 향이 강하고 질길 수 있기 때문에 주로 굽거나 데쳐 먹어요. 생으로 드시고 싶다면 주스로 갈아서 드시는 것을 추천해요.

Q 아스파라거스를 차로 만들어 마실 수 있나요?

A 아스파라거스를 잘게 썰어 말린 후 차로 마시면 피로회복과 간 기능 향상에 좋다고 합니다.

Q 통풍이 있는 사람은 아스파라거스를 먹으면 안 좋다는데 사실인가요?

A 아스파라거스는 통풍에 이로운 채소예요. 통풍은 요산의 과다축적이 원인이 되어 발생하는 병인데 아스파라거스에 풍부한 아스파라긴산 성분은 신장의 기능을 돕고 요산의 체외배설을 촉진해 통풍에 좋습니다. 통풍에 해로운 성분인 푸린 함유량은 거의 없습니다.

데칠 때 봉오리보다 단단한 밑동 부분을 먼저 넣어 데쳐주세요. 데친 아스파라거스 물은 영양소도 풍부하고 고소한 풍미가 있기 때문에 스튜나 수프, 스파게티, 리소토에 활용하면 좋아요. 구워서 드실 땐, 너무 약한 불로 구우면 물이 생기고 식감이 죽으니 중간 정도 세기의 불이나 센 불로 수분을 날려주듯 구워 주셔야 맛있어요. 데치거나 구운 후 김밥이나 롤 안에 길이 그대로 넣어 활용하면 속 재료로 아주 좋아요.

| 아스파라거스 치킨롤 |

아스파라거스는 보통 베이컨에 말아서 굽거나 서양요리 보조메뉴로 주로 보셨을 텐데요, 닭고기와 함께 섭취하면 단백질보충에 좋아 다이어트에도 좋고 식사를 자주 거를 시에 나타나는 피부가 거칠어지는 현상과 변비를 개선하는데 좋아요.

재료& 만드는 방법

아스파라거스	8개	닭가슴살	1덩이
다진마늘	1작은술	전분가루	1큰술
허브소금	약간	버터	1큰술

❶ 아스파라거스를 버터 두른 팬에 허브 소금과 함께 볶아 준다.

❷ 닭가슴살은 잘게 다져 전분가루, 다진 마늘, 허브 소금과 반죽한다.

❸ 반죽을 김발이 위에 펼친 후, 가운데 아스파라거스를 얹어 돌돌 말아 그대로 김이 오른 찜통에 중간 세기의 불로 10분간 쪄준 다음, 식으면 김발이를 풀어 한입 크기로 썰어 준다.

FoodRan's Tip
김발이 위에 랩을 깔고 하면 들러붙는 것을 방지하고 모양 잡기가 수월해져요

알로에

5~9월 | 100g · 25kcal

아프리카가 원산지인 관엽식물로 온실에서 재배하거나 약으로 쓰려고 가정에서 구급약초로 기르기도 한다. 화장품 재료 및 피부 미용하면 떠오르는 대표 식물이지만 식용으로 더욱 뛰어난 효능이 많다. 알로에는 세균과 곰팡이에 대한 살균력이 있고 독소를 중화하는 알로에틴이 들어 있으며, 궤양에 효과가 있는 알로에우르신과 항암효과가 있는 알로미틴이 들어 있다. 이 밖에도 스테로이드, 아미노산, 사포닌, 항생물질, 상처치유 호르몬, 무기질 등 다양한 성분이 들어 있다. 과로에 의한 피로 회복과 과음으로 말미암은 숙취 해소 등에 효과가 있다. 알로에의 잎을 잘라두면 유난히 쓴 황색 물질이 흘러나오는데, 이것은 변비에 특히 효과가 있다고 전해진다.

주요효능 열을 식히며 염증을 가라앉히고 대소변을 잘 나가게 함.
상처치유 / 면역력강화 / 알레르기예방 / 노화방지 / 피부미용 / 다이어트

싱싱 채소 구별법 겉이 갈색으로 변하지 않고 초록색으로 윤기 있고 고우며 도톰하고 단단하게 속이 차 있어 보이는 것. 양쪽에 돌기가 단단하게 솟아 있는 것.

올바른 세척법 양쪽에 뾰족한 돌기는 가위로 잘라 소다를 푼 물에 담가 두었다가 문질러 씻어 준 후에 흐르는 물에 세척 한다.

똑똑한 보관법 물기를 제거한 후 위생봉투에 넣어 냉장 보관한다. 보관 자리가 좁을 경우, 적당한 크기로 절단한 후 용기에 담아 냉장 보관하는데 가능한 한 빨리 섭취하는 게 좋다.

무엇이든 물어보세요

Q 알로에를 집에서 기르는 방법은?

A 알로에는 생각보다 기르기 쉽고 공기정화 효과까지 있어 가정에서도 많이 기르고 있어요. 알로에 모종과 화분, 흙만 있으면 쉽게 도전해 볼 수 있습니다. 알로에 모종은 마트에서 판매하고 있어요. 화분에 흙과 알로에 모종을 잘 고정하고 햇빛이 잘 들고 통풍이 잘되는 곳에서 키우시면 됩니다. 알로에는 수분이 많으면 금방 시들기 때문에 더운 여름철에는 1~2주에 한번, 겨울에는 3~4주에 한 번 정도 물을 주면 적당해요. 잎 부분이 말랐다 싶을 때 분무기로 가볍게 물을 뿌려 주세요.

Q 알로에를 어떻게 먹어야 하나요?

A 알로에는 가시 부분만 제거하면 속 즙과 잎 껍질 모두 식용이 가능합니다. 생으로 먹는 것이 가장 좋으며 갈아서 음료로 드셔도 됩니다.

Q 알로에 껍질의 영양성분은 어떤가요?

A 알로인 성분이 껍질에 더욱 많이 함유되어 있어 변비에 좋아요.

Q 알로에를 먹을 때와 바를 때 중 피부에 더 좋은 방식은 무엇인가요?

A 알로에는 피부재생 효과와 진정효과, 여드름피부와 미백에 좋아서 바르는 것도 좋지만 모든 영양성분을 흡수하기 위해서는 먹는 게 더욱 좋아요. 피부가 많이 안 좋아졌거나 진정을 원할 때는 바르는 것과 먹는 것을 병행하는 방법을 권하고 싶어요.

알로에는 버릴 게 없는 굉장한 미용 식품인데요. 피부에 바르기도 하지만 섭취하면 더욱 몸에 좋아요. 알로에는 가정에서 키우기 쉬워 도전해 보는 것도 재밌을 거 같아요. 오래 냉동 보관을 하게 되면 영양소가 많이 파괴되기 때문에 되도록 빨리 드시는 게 좋아요.

| 알로에 셔벗 |

알로에가 피부에 좋다는 거 다 아시죠? 피부에 좋은 알로에를 바르는 것보다는 섭취해야 더욱 탁월한 효과를 볼 수 있다고 합니다. 셔벗은 과즙에 설탕, 양주, 젤라틴 등을 섞어 얼린 것으로 프랑스어로 소르베라 하는데요, 정찬 코스에서 입맛을 새롭게 하려고, 앙드레(중심요리)와 로스트 요리 중간에 주로 나와요. 그만큼 입가심에 좋아 보통 가정에서 드실 때는 식후 디저트로 입안을 개운하게 하시는 용도로 드시면 좋을 거 같아요.

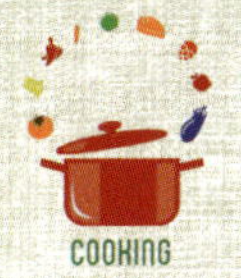

**재료 &
만드는 방법**

알로에	1개	플레인요거트	1/2컵
크림치즈	1큰술	꿀	2큰술
민트	적당량		

❶ 모든 재료를 곱게 섞어 냉동고에 얼려 준다.

❷ 포크나 스쿱을 이용하여 볼에 담고 민트를 얹어 준다.

FoodRan's Tip
얼릴 때 스테인리스 믹싱볼에 넣어 얼리면 더욱 빠르게 얼어요

콜리플라워

12~2월 | 100g·25kcal

양배추를 뜻하는 라틴어와 꽃을 뜻하는 영어가 결합한 이름의 콜리플라워는 양배추의 변형된 형태이자 브로콜리의 변종으로 꽃양배추라고도 불린다. 화이트 컬러푸드로 위장기관에 좋아 위암을 예방하고 하루에 100g만 먹어도 하루 필요 비타민C를 충분히 섭취할 수 있을 정도로 비타민C가 풍부하다. 미네랄, 설포라페인, 칼슘, 칼륨, 철도 풍부하게 들어 있다.

주요효능 면역력을 강화시켜 감기예방, 노폐물제거, 해독작용 효과가 있다.

피부미용 / 다이어트 / 면역력증대 / 피로회복 / 항암작용 / 감기예방 / 스트레스완화

(부작용) 위장이 좋지 못한 사람은 과도한 섭취를 피하는 게 좋다.

싱싱 채소 구별법 봉오리가 색깔의 변함이 없이 전체적으로 하얗고 단단하게 뭉쳐 있는 것. 묵직하고 마르지 않고 촉촉함이 있는 것.

올바른 세척법 사용할 만큼 먹기 좋은 크기로 썰어 체에 담은 후에 흐르는 물에 세척 한다.

똑똑한 보관법 물기가 없는 상태에서 랩에 감싸 냉장 보관한다. 데친 상태에서는 밀폐용기에 종이행주를 깔고 수분제거 후에 담아서 냉장 보관한다. 장기 보관할 경우에는 송이송이 썬 콜리플라워를 끓는 물에 데쳐 수분을 제거한 후에 지퍼백에 담아 냉동 보관한다.

 무엇이든 물어보세요

Q 콜리플라워와 브로콜리의 맛과 영양의 차이는 어떠한가요?

A 브로콜리는 녹색꽃양배추라고도 합니다. 브로콜리와 콜리플라워는 양배추가 변형된 형태로 비슷한 영양성분을 가지고 있는데 브로콜리는 초록색 슈퍼푸드로 엽록소, 클로로필 성분과 베타카로틴, 철분이 풍부하여 빈혈예방, 디톡스 효과가 뛰어나고 화이트 슈퍼푸드인 콜리플라워는 브로콜리보다 비타민C와 식이섬유가 더욱 풍부하여 위에 좋고 항암효과가 뛰어납니다.

Q 데친 콜리플라워를 냉장고에 보관해 먹을 때 어느 정도 기간까지 괜찮나요?

A 콜리플라워는 브로콜리보다 저장기간이 깁니다. 상온에서도 쉽게 시들지 않는데 데치면 일주일 정도는 충분히 보관할 수 있어요. 더 오래 보관하시려면 냉동 보관하는 것이 좋아요.

Q 콜리플라워를 이유식 재료로 사용해도 되나요?

A 초기 이유식부터 사용할 수 있는 재료예요. 비타민C, 칼슘, 엽산, 철분 등이 풍부하여 면역력 향상에 좋아 성장기 아이의 영양 섭취에 큰 도움이 됩니다.

콜리플라워는 식초를 약간 넣고 물에 삶으면 색감도 하얗게 유지되고 살균세척도 됩니다. 카레에 브로콜리 대신 넣어주면 브로콜리보다 단단한 식감으로 아삭한 식감과 예쁜 색감을 연출할 수 있어요.

| 콜리플라워 쌀국수 냉채 |

콜리플라워는 비타민C가 굉장히 풍부하여 콜리플라워 쌀국수 냉채는 미용 냉채라고 할 수 있습니다. 콜리플라워가 브로콜리보다는 단단한 식감이라 씹는 재미를 배가시켜 주어요. 콜리플라워는 피클의 재료로 활용해도 아삭한 식감을 살릴 수 있어요.

재료 & 만드는 방법

콜리플라워	100g	쌀국수	80g
어린잎	적당량		

홍시액젓소스) 액젓 1큰술 / 홍시 1개 / 레몬즙, 스윗칠리소스, 설탕 1큰술 / 다진청양고추 1개 / 다진양파, 다진파프리카 3큰술 / 생수 2큰술

❶ 콜리플라워는 한입 크기로 송이송이 썰어 끓는 물에 2분간 삶아 준다.

❷ 쌀국수는 찬물에 불린 후 끓는 물에 1분간 삶아 준 다음, 찬물로 헹궈 준다.

  (쌀국수는 금방 익기 때문에 너무 퍼지지 않게 주의하세요)

❸ 분량의 홍시 액젓 소스와 재료들을 조물조물 버무려 준다.

> **FoodRan's Tip**
> 쌀국수 대신 당면이나 소면으로 대체해 주어도 좋아요

토마토

6~10월 | 100g·18kcal

슈퍼푸드의 원조인 토마토는 과일로 착각할 수 있지만 열매채소다. 생식부터 음료, 소스, 드레싱 등 많은 요리에 활용하는데, 빨갈수록 리코펜 성분이 많고 열량은 적어 항산화 작용과 다이어트에 좋다. 비타민C와 비타민B6, 리코펜, 칼륨, 루틴, 식이섬유 등이 풍부하다.

주요효능   진액을 보충시켜 번열과 갈증을 없애고 식욕을 증진 시킨다.

항암작용 / 피부미용 / 다이어트 / 변비해소 / 동맥경화예방 / 신진대사촉진

(부작용) 습기가 많거나 위장이 차가운 사람은 섭취하지 않는 게 좋다.

싱싱 채소 구별법   너무 물컹거리지 않고 광택과 윤기가 나며 단단하고 묵직하며 꼭지가 시들지 않은 것. 밑부분에 하얀빛처럼 보이는 색감이 별모양을 띠면 단맛이 좋다.

올바른 세척법   흐르는 물에 깨끗하게 세척 한다.

똑똑한 보관법   위생봉투나 랩에 감싸 냉장고에 보관한다. 덜 익은 토마토는 바구니나 종이상자에 담아 실온에 보관해 준다. 사용 후 남은 토마토는 속의 과육이 풍부해서 금방 상할 수 있어 종이행주를 깐 밀폐용기에 담아 냉장 보관한다. 장기 보관 시에는 밑동 부분에 십자 칼집을 낸 후 끓는 물에 살짝 데쳐 껍질을 벗기고 냉동 보관한다.

무엇이든 물어보세요

Q 토마토와 방울토마토의 영양성분의 차이가 있나요?

A 방울토마토가 토마토보다 당도나 비타민C가 높고 영양성분의 흡수율도 높습니다. 토마토는 껍질에 영양 성분이 풍부한데 방울토마토는 일반 토마토보다 개수에 따라 더 많은 껍질을 섭취할 수 있어 좋습니다.

Q 토마토는 왜 익혀 먹으면 더 좋은가요?

A 토마토의 항산화 성분인 리코펜은 열에 의해 쉽게 파괴되지 않으며 오히려 체내 흡수율이 2~3배나 높아지기 때문에 일반적인 채소와 달리 익혀 먹는 게 더 좋습니다.

Q 토마토를 익힌 후에 껍질을 벗겨 내면 영양성분이 줄어드는 것 아닌가요?

A 껍질이 질긴 상태로 뭉쳐 있으면 먹기 불편해서 껍질을 벗기고 먹는 경우가 많은데 껍질째 먹는 것이 영양 면에선 가장 좋아요.

Q 올리브기름이나 들기름 같은 식물성 기름이 토마토와 궁합이 잘 맞는다는데 사실인가요?

A 토마토는 지용성이기 때문에 기름과 친해 함께 섭취하면 리코펜과 지용성비타민 섭취율을 4배 까지나 높일 수 있어요.

토마토를 냉동 보관해 두고 채소나 과일과 함께 갈아 먹으면 바쁜 아침 끼니를 대체하기에 좋아요. 식사 전에 먹으면 포만감이 생겨 과식을 예방할 수 있어요. 토마토에 설탕을 뿌려 먹으면 비타민B가 파괴되어 영양상 좋지 않아요. 단맛을 살리려면 설탕보다는 소금을 소량만 뿌려 드시는 게 좋습니다.

| 토마토링 닭가슴살구이 |

토마토를 처음 본 유럽인들은 토마토의 빨간 색 안에 독이 들어 있다고 생각하여 꽤 오랫동안 먹지 않았다고도 해요. 열매채소인 토마토는 가열하면 리코펜과 비타민의 흡수율이 더욱 높아지는데요, 닭가슴살, 달걀과 함께 드시면 단백질도 충분히 섭취할 수 있어 바쁜 아침 한 끼 식사로 좋고 브런치메뉴로도 좋아요. 토마토링 닭가슴살구이는 닭가슴살을 빼고 달걀만 활용해도 충분합니다. 아이들에게 시각적으로 재미와 호기심을 자극할 수 있는 요리이기도 합니다. 저열량 음식이니 부담 없이 많이 섭취하세요.

재료 & 만드는 방법

토마토	1개	닭가슴살	1/2개
달걀	2개	다진마늘	1작은술
허브가루	약간		

소스) 속파낸토마토 1개 / 케첩 3큰술 / 다진양파 1큰술 / 다진피망 1큰술 / 간장 1작은술 / 물 2큰술

❶ 토마토를 원형으로 1cm 두께로 슬라이스 한 후 칼로 속을 도려낸다.

❷ 닭가슴살을 작게 썰어 다진 마늘과 버무려 준다.

❸ 기름 두른 팬에 중간 세기의 불로 토마토링을 얹고 안쪽에 닭가슴살을 얹은 후 달걀을 깨고 허브가루를 뿌려준다.

❹ 뚜껑을 덮어 중간 세기보다 약한 불에서 익혀준다.

(팬 주변에 물을 2~3큰술 끼얹으면 타지 않고 부드럽게 익힐 수 있어요)

❺ 분량의 소스는 팬에서 볶듯이 조려준 후 곁들여 준다.

> **FoodRan's Tip**
> 닭가슴살 대신 알새우로 대체해도 좋아요

Chapter VI

익숙한 채소류 다시 보기

익숙한 채소, 제대로 알면 새롭게 보인다!

늘 곁에 있어서 소중함을 모르는 인간관계가 많이 있죠. 부모가 대표적이고요. 항상 곁에 있다고 해서 그 사람이 현재 겪고 있는 고민이나 그 사람이 가진 남다른 장점을 제대로 살필 수 있는 건 아닌 것 같아요. 우리가 익숙하게 활용하는 채소도 이와 비슷한 경우라 생각됩니다. 너무 익숙해서 그 채소들이 가진 특징과 장점들을 오히려 제대로 알지 못하고 그냥 습관처럼 익숙한 방식으로 요리 재료로 쓰고 있는 것 같습니다. 너무 익숙해 알 수 없었던 친근한 채소들의 특징과 이를 활용한 색다른 요리법을 함께 살펴볼까요?

가지

4~8월 | 100g · 16kcal

부드러운 식감으로 반찬으로 많이 애용되는 가지는 수분이 90% 이상이라 여름철 수분 보충에 사용되기도 한다. 항산화 물질인 안토시아닌 성분이 많이 들어 있어 나타나는 윤기나는 보라 빛깔은 가지만의 특징이다. 인도가 원산지이며 열대에서 온대에 걸쳐 재배된다. 안토시아닌 외에도 식이섬유, 칼륨, 비타민C, 비타민A, 인 등이 풍부하다.

주요효능 열을 식히고 습기를 제거한다. 어혈과 붓기를 없애며 해독작용이 있다.
항암작용 / 변비예방 / 독소배출 / 혈관질환예방 / 나트륨배출 / 고혈압예방 / 동맥경화예방 / 세포손상예방 / 시력보호 / 신장기능강화
(부작용) 찬 성질이기 때문에 속이 냉하여 설사를 자주 하는 사람은 섭취를 주의해야 한다.

싱싱 채소 구별법 색이 선명하고 광택이 있으며 탄력이 있는 것. 많이 구부러지지 않고 바른 모양새와 꼭지 부분이 시들지 않고 날카로운 돌기가 나 있는 것. 절단면에 검은 씨처럼 색이 변해 있는 건 수분이 빠져 오래된 것으로 사지 말아야 한다.

올바른 세척법 절단면으로 수돗물이 흡수되기 쉬우니 절단하지 않은 상태로 흐르는 물에 꼭지부터 깨끗이 씻어 준다.

똑똑한 보관법 가지는 저온에 약하므로 서늘한 곳에서 실온 보관하고 냉장 보관할 땐 수분이 빠지지 않도록 랩에 감싸 위생봉투에 넣어 보관한다.

 # 무엇이든 물어보세요

Q 가지 식감이 물컹거려서 아이들이 싫어하는데 이를 해결할 방법은 없을까요?

A 아이들은 식감과 시각적인 부분에 굉장히 민감한데요. 일반적인 가지요리에 거부감이 있다면 아이들이 좋아하는 소스나 재료와 함께 요리를 해주면 좋아요. 부드러운 치즈나 토마토 소스를 곁들여 가지의 식감을 느끼지 못하게 하거나 물이 생기지 않게 바싹 구워서 쫄깃하게 하면 어느 정도 아이들이 좋아할 수 있는 가지요리가 됩니다. 또 가지를 바삭하게 튀기면 지용성비타민 흡수도 잘되고 물컹거리지 않게 드실 수 있어요.

Q 가지는 익혀 먹지 않으면 독성분에 의해 탈이 날 수 있다는데 사실인가요?

A 가지는 솔라닌이라는 알칼로이드 독성분이 있어 자칫하면 신경계와 위장에 악영향을 미칠 수 있어요. 구토, 위경련, 현기증, 설사 등을 유발하므로 가지는 생으로 먹기보다는 익혀서 먹는 것이 안전해요.

Q 가지는 시간이 지나면 속에 씨가 거뭇해지는데 이때 먹어도 상관없나요?

A 가지가 익으면서 속 씨 색깔이 거뭇하게 변하는데 이는 상한 게 아니니까 잘 익혀서 먹으면 문제없어요. 끈적이는 흰 점액질이 생긴다거나 곰팡이가 피면 그건 상한 것이니 버려야 해요.

가지는 물컹거리는 식감때문에 안 좋아한다는 분들이 많은데요. 조리 시에 불의 세기를 잘 조절하면 물컹거리는 식감을 없앨 수 있어요. 센 불로 수분을 날려주듯 굽거나, 튀기면 쫀득쫀득 맛있는 식감의 가지를 재발견할 수 있어요. 가지는 기름과 친한 지용성비타민을 함유하고 있어 기름에 볶으면 비타민을 더욱 효과적으로 섭취할 수 있게 됩니다. 닭가슴살이나 생선살과 같이 조리하면 단백질을 보충하여 균형 있는 영양을 섭취할 수 있어요.

| 닭가슴살 가지말이 |

가지는 껍질째 드셔야 수분 가득한 가지를 제대로 먹을 수 있고 구울 때, 불 조절을 잘해야 쫄 깃한 식감으로 드실 수 있어요. 닭가슴살 가지말이는 쫄깃하게 구운 가지와 단백질이 가득한 닭가슴살을 함께 한입에 쏙쏙 먹는 핑거푸드 요리예요. 다이어트식으로도 좋고 초대요리, 도 시락으로도 아주 좋은 메뉴예요.

재료& 만드는 방법

가지	1개	닭가슴살	1덩이
무순	적당량	허브 소금	약간
올리브유	1큰술		

초간장양념) 간장 1큰술 / 식초 1작은술 / 다진마늘 1/2작은술 / 올리고당 1작은술 / 후추, 참기름, 깨

❶ 가지는 필러(감자깎이 칼)를 이용해 길게 슬라이스 한 후 허브 소금, 올리브유를 뿌려 수분을 날려주듯 센 불로 재빠르게 양면을 구워 준다.

　(가지는 기름을 금방 흡수하기 때문에 마른 팬에 슬라이스 가지를 얹고 그 위에 허브 소금, 올리 브유를 가볍게 뿌린 후 구워 주어야 맛있어요)

❷ 닭가슴살을 끓는 물에 8~10분간 삶고, 식힌 후에 결대로 가늘게 손으로 찢어 준다.

　(손으로 결대로 찢어야 고급스러우며 식감도 훨씬 좋아요)

❸ 닭가슴살, 무순은 분량의 초간장 양념에 버무려 준다.

❹ 구운 가지에 재료를 적당량씩 얹어 돌돌 말아 준다.

> **FoodRan's Tip**
> 남은 자투리 가지는 채 썰어 볶아 닭가슴살과 섞어주세요
> 센 불로 가지를 구워야 물컹거리지 않고 쫄깃한 가지의 식감을 느낄 수 있어요

꽈리고추

6~10월 | 100g·20kcal

꽈리고추는 60년대 말, 일본에서 전해진 고추의 변이종이다. 표면이 꽈리처럼 쭈글쭈글하다고 해서 붙여진 이름이 꽈리고추다. 5~7도 이하의 온도에서는 금방 말라 시들고 씨가 검게 변할 수 있으며 사과나 배, 토마토와 같은 에틸렌이 발생하는 과일과 한 봉지 안에 넣어 보관하면 연화가 빨리 진행되므로 주의해야 한다. 비타민A, 비타민C, 카로틴, 루틴, 철, 캡사이신 등이 풍부하다.

주요효능　혈액순환을 촉진해 통증을 줄여주며 감기를 치료한다.
신진대사원활 / 모세혈관강화 / 혈압조절 / 항산화효과 / 다이어트 / 눈건강 / 정장작용
(부작용) 위장이 약하거나 열성 질환을 앓고 있으면 섭취를 주의해야 한다.

싱싱 채소 구별법　꼭지는 시들지 않고 전체적으로 연녹색을 띠며 탄력이 있는 상태에서 쭈글쭈글한 주름이 있는 것.

올바른 세척법　꼭지만 손으로 떼어준 후 소다를 약간 풀은 물에 5~10분간 담가준 다음 흐르는 물에 충분히 흔들면서 틈 사이사이까지 깨끗이 헹궈 준다.

똑똑한 보관법　종이행주나 신문지에 감싼 후 밀폐용기에 담아 냉장 보관한다.

 무엇이든 물어보세요

Q 꽈리고추는 고추와 향이 왜 다른 걸까요?

A 꽈리고추는 고추의 변이종으로 과피의 식감이 연하고 부드러워 향이 더욱 진하게 납니다.

Q 꽈리고추도 청양고추처럼 매운맛이 있나요?

A 일반적으로는 꽈리고추는 매운맛이 덜하고 질감이 부드럽고 연하지만 꽈리고추 가운데서도 매운 종류가 있습니다. 마트에서 따로 분류해서 팔지는 않는데 끝이 뾰족하고 길쭉한 모양의 꽈리고추가 매운 향이 강하고 둥글고 짧은 느낌의 꽈리고추가 매운맛이 덜합니다. 매운맛을 제거하고 싶을 때는 이쑤시개나 포크로 겉면에 구멍을 내준 후 찬물에 5~10분간 담갔다가 수분을 빼준 후 조리를 하면 됩니다.

Q 꽈리고추를 일반 고추처럼 생으로 먹으면 안 되나요?

A 생으로 먹는 것보다 기름과 볶아 먹거나 조리해서 먹는 게 영양소 흡수가 더 잘되어 좋습니다.

Q 왜 꽈리고추는 멸치 볶음과 생선 조림에 많이 사용될까요?

A 꽈리고추의 부족한 칼슘과 단백질 부분을 멸치나 생선이 갖고 있어 영양 궁합이 좋고 꽈리고추의 풍미가 생선류의 비릿한 향도 잡아 줄 수 있어 많이 사용됩니다. 기름과 함께 조리하면 베타카로틴 성분과 비타민A가 더 잘 흡수됩니다.

꽈리고추는 만능 향 채소라고 해도 과언이 아닌데요, 볶거나 조림에 활용하면 일반 고추를 쓸 때와는 다른 매력을 느낄 수 있어요. 생선조림에 사용하면 비린내를 제거해주며 풍미는 살려줍니다. 꽈리고추는 보통 모양 그대로 사용하기 때문에 부드럽게 충분히 조리한 후에 드세요.

| 꽈리고추 볶음당면 |

꽈리고추는 향이 좋아 어느 메뉴에도 잘 어울리는 채소로 육류나 생선 요리에 비린 향을 줄여주는 역할도 톡톡히 하고 있어요. 찹쌀가루에 버무려 찜통에 쪄서 무쳐먹기도 하는데 당면과 함께 볶아 먹으면 색다른 메뉴가 됩니다.

당면은 녹두, 감자, 고구마 등 녹말원료로 만든 마른국수로 삶은 후 찬물에 헹구는 것보다는 공기 중에 식혀 참기름에 버무려 두는 게 더욱 맛있어요. 당면은 남으면 통에 담아 냉장 보관하고 그때그때 볶음요리를 만들어 드셔도 좋을 거 같아요. 삶아서 보관하면 금방 불어 버리니 주의하세요. 저염식 볶음 당면 요리로 향긋함을 한 접시에 담아보세요.

재료&
만드는 방법

꽈리고추	6개	파프리카	1/4개
불린목이버섯	3개	당면	80g

굴소스양념) 굴소스 1큰술 / 간장 3큰술 /
다진마늘 1작은술 / 올리고당 1큰술 / 맛술 1큰술 / 물 1/2컵

❶ 꽈리고추를 포크로 콕콕 찌른 후 절반 썰어 준다.

(포크나 이쑤시개로 찔러주면 속에 양념도 잘 스며들고 꽈리고추의 향도 더욱 진하게 느낄 수 있어요)

❷ 파프리카는 채 썰고 불린 목이버섯은 찢어 준다.

(건목이버섯은 찬물에서 담가 15분간 불려주세요)

❸ 당면은 미지근한 물에 30분 정도 담가 불려 준다.

(뜨거운 물에 당면을 불리면 금방 불어버릴 수 있어요)

❹ 기름을 두른 팬에 중간 세기 불로 꽈리고추를 볶다가 파프리카, 당면을 넣어 볶아 준다.

(당면이 익을 때까지 볶아주어요)

❺ 굴 소스 양념을 넣어 중간 세기 불로 함께 볶아 준다.

> **FoodRan's Tip**
> 당면은 끓는 물에 삶은 후 볶으면 푹 퍼지니 주의하세요

단호박

6~12월 | 100g · 66kcal

단호박은 달아서 붙여진 이름으로 서양계 호박이다. 속은 선명한 노란색으로 베타카로틴 성분이 풍부해 유해산소를 제거해 준다. 알고 보면 씨까지도 버릴 것이 하나 없는 알찬 채소인 단호박은 카로틴, 비타민A, 비타민C, 비타민E, 철분, 칼슘, 미네랄, 식이섬유가 풍부하다.

주요효능　비위를 튼튼하게 하여 기운을 돋운다. 이뇨작용과 소염작용이 있다.
이뇨작용 / 눈건강 / 감기예방 / 두뇌발달 / 다이어트 / 노폐물배출 / 노화방지 / 동맥경화예방 / 혈액순환
(부작용) 급체나 속이 더부룩한 경우에는 피하는 것이 좋다.

싱싱 채소 구별법　튼튼하고 묵직하며 색은 짙은 녹색을 띤 것. 밑동 쪽은 노란 빛깔을 띠는 게 달고 맛있다. 상처 없이 골이 균일하게 파여 있고 꼭지 부분에 곰팡이가 슬지 않은 것.

올바른 세척법　밀가루를 겉면에 가볍게 뿌려 문질러 흐르는 물로 뽀독뽀독 꼼꼼히 씻어 준다.

똑똑한 보관법　저온 상태에서는 빨리 상하므로 통풍이 잘되는 그늘진 곳에 보관해 주는 게 좋다. 절단한 상태라면 곰팡이가 피기 쉬운 속 씨를 제거한 후 랩에 감싸 냉장 보관한다.

무엇이든 물어보세요

Q 단호박의 속과 껍질은 영양성분이 차이가 있나요?

A 단호박 껍질에는 눈에 좋은 베타카로틴 성분이 더욱 많이 있고 페놀산도 풍부해 천연 항산화제 역할을 해요. 또한 껍질에는 비타민A와 칼륨이 더욱 풍부하게 들어 있고 포만감이 높아 다이어트에 좋으며 식이섬유가 많아 배변 활동에 좋아요. 따라서 껍질까지 먹어야 제대로 건강하게 먹는 거라 할 수 있어요.

Q 늙은 호박, 애호박, 미니호박, 단호박 중 붓기 제거에 가장 좋은 종류는 무엇인가요?

A 대체로 호박은 식이섬유와 칼륨 성분이 풍부하게 들어 있어 나트륨배출과 이뇨작용에 좋아 붓기 제거에 도움이 됩니다. 그 효과가 가장 크다고 하여 출산 후 산모들이나 성형한 분들이 가장 많이 찾는 것이 늙은 호박이에요. 늙은 호박이 호박류 중 붓기 제거에 가장 좋은 성분들을 많이 가지고 있다고 해요.

단호박은 껍질째 먹는 게 더 건강에 좋아요. 단호박은 칼륨이 풍부해 나트륨배출을 도와주니 염분을 줄이는 요리법에도 좋습니다. 쌈장이나 드레싱 류에 삶은 단호박을 으깨어 함께 섞어 주면 훨씬 건강한 요리를 드실 수 있어요. 조림으로 요리할 경우, 가열 시에 단호박은 생각보다 금방 익기 때문에 너무 초반에 넣으면 다 으깨져 버려요.

| 단호박찜 케이크 |

노 오븐 디저트로 밀가루가 들어가지 않은 건강하고 손쉬운 베이킹 요리예요. 간식으로도 좋고 포만감이 좋아 다이어트식으로도 좋아요. 단호박은 껍질째 먹어야 더 많은 영양소를 섭취할 수 있어요. 단호박찜 케이크를 만들 때, 단호박은 농도가 잘 어우러지고 자체의 단맛이 있어 설탕을 많이 넣지 않아도 건강한 단맛을 즐길 수 있어서 좋아요. 예쁜 노란 빛깔에 달콤한 단호박찜 케이크 만들어 보세요.

재료 & 만드는 방법

재료	분량	재료	분량
단호박	1/2개	다진견과류	3큰술
달걀	1개	꿀	1큰술
치즈가루	1큰술		

❶ 단호박을 김이 오른 찜통에서 쪄준다.

　(단호박 껍질 쪽이 위로 가게 뒤집어서 쪄야 수분이 고이지 않고 맛있게 찔 수 있어요)

❷ 찐 단호박을 따뜻할 때 으깬 후 달걀노른자, 꿀, 다진 견과류, 치즈가루를 넣어 섞어 준다.

　(찐 단호박은 뜨거운 김이 사라질 때 으깨야 부드럽게 잘 으깨져요)

❸ 달걀흰자를 이용하여 하얗게 머랭을 만들고 ❷와 함께 섞어 유리 볼에 담아 랩을 씌워 준다.

❹ 랩에 젓가락으로 구멍을 낸 후 전자레인지에서 5분간 익혀준다.

　(젓가락으로 구멍을 내야 수분이 차는 걸 방지해요)

달래

3~4월 | 100g·27kcal

봄의 향기가 물씬 풍기는, 대한민국 국민 봄나물 달래는 봄에 찾아오는 춘곤증을 예방하고 사라진 입맛을 돋우어 주는 들에서 나는 약재로 알려졌다. 단백질, 칼슘, 철분, 비타민, 칼륨, 알리신이 풍부하다.

주요효능 속을 따뜻하게 하고 소화가 잘되게 하며 구토와 설사를 치료한다.
소화액분비촉진 / 위암예방 / 불면증개선 / 신경안정 / 춘곤증예방 / 동맥경화증예방 / 피부미용 / 주근깨예방 / 빈혈예방 / 어혈제거 / 불면증예방
(부작용) 열성 질환을 앓는 사람은 과도한 섭취를 피하는 게 좋다.

싱싱 채소 구별법 알뿌리가 굵은 것일수록 향이 강하지만 너무 커도 맛이 덜하다. 줄기가 마르지 않은 것이 싱싱하다.

올바른 세척법 달래는 줄기가 가늘고 길쭉길쭉하여 사이사이에 잡풀이 섞인 경우가 많으므로 깨끗이 다듬어 씻어야 한다. 흐르는 물에 한 뿌리씩 흔들어 씻어 흙을 말끔히 씻어낸다.

똑똑한 보관법 물을 뿌려서 신문지에 싼 다음 냉장 보관한다. 줄기가 가늘어 시들기 쉬우므로 되도록 빨리 사용하는 게 좋다.

 # 무엇이든 물어보세요

Q 냉이와 달래는 왜 항상 단짝처럼 느껴질까요? 둘을 헷갈리지 않고 기억하는 방법은?

A 둘 다 봄이 왔음을 알려주는 친숙한 대표 봄 채소로 아주 향긋해요. 왠지 모르게 헷갈리시는 분들이 많이 계시는데 달래는 가늘고 여리며 냉이는 두꺼운 뿌리와 이파리들로 거칠게 뭉쳐져 있어요. 냉이가 좀 더 쌉쌀한 맛이 있고 향도 더욱 진해요.

Q 달래가 들어간 양념은 어떤 것들이 있나요?

A 달래를 다져서 간장에 넣어 양념간장으로 달래의 향을 살려 만들어 먹는 경우가 많은데요. 두부양념장, 김에 싸먹는 양념장, 비빔밥 양념장, 묵 양념장, 튀김 양념장, 샐러드 양념장, 생선구이 양념장, 겉절이 양념장 등이 있어요.

Q 달래 알뿌리 부분에 어떤 영양분이 집중되어 있나요?

A 알리신성분이 있어 항암, 항노화 작용이 있고 살균 및 항균작용도 있어요. 그리고 불면증에도 효과가 있다고 합니다.

달래는 비닐하우스 재배 덕분에 언제든지 사다 먹을 수 있지만, 제철인 이른 봄에 캐는 달래가 매운맛이 강하고 맛도 좋아요. 매콤하게 무쳐 먹거나 된장찌개에 넣어 끓여 먹어도 좋고 양념간장을 만들면 향긋한 향이 올라와서 색다른 맛을 즐길 수 있어요. 비타민과 무기질, 칼슘이 풍부한 달래는 육류 요리 시 같이 섭취하면 콜레스테롤 저하 효과를 볼 수 있어 궁합이 잘 맞고 열량이 낮아 다이어트에도 효과적입니다.

| 달래 함박스테이크 |

달래는 자체의 향긋함이 좋아 양념장이나 국, 찌개, 무침, 전 등에 자주 활용하는 채소인데요. 그냥 생으로 먹어도 식감이 부드러워 부담스럽지 않아요. 달래 함박스테이크는 달래를 먹지 않는 아이들에게 굉장히 좋은 메뉴예요. 달래에 부족한 단백질과 철분은 육류가 보충해 주며 또 고기의 잡내는 달래의 향긋함으로 보완하기 때문에 재료가 잘 어우러지는 메뉴예요.

함박스테이크를 할 때 보통 다진 소고기랑 다진 돼지고기를 1:1 비율로 하는 게 좋은데요, 소고기만 사용하면 기름기가 적어 퍽퍽 할 수 있고 돼지고기만 사용하면 기름기가 많아 느끼할 수 있기 때문에 반반 함께 섞어야 더욱 맛있는 요리가 됩니다.

재료&만드는 방법

달래	50g	다진소고기	100g
다진돼지고기	100g	양파	1/6개
양송이버섯	1개	빵가루	2큰술
소금, 후추	약간	우유	2큰술

레몬소스) 레몬즙 3큰술 / 꿀 1큰술 / 녹인버터 1큰술

❶ 달래를 깨끗이 씻어 손질한 후, 양파, 양송이버섯과 함께 다져준다.

(달래를 씻을 때 특히 뿌리 쪽을 집중적으로 흐르는 물에 씻어서 흙을 제거해 주어야 흙내가 많이 나지 않아요. 그리고 달래 뿌리 쪽 동그란 부분은 칼 등으로 툭툭 치며 자근자근 두드려 으깨 주어야 진한 향을 느낄 수 있어요)

❷ 모든 재료를 넣고 반죽해 원형의 패티 모양을 잡아 준다.

(한 덩이 반죽에서 4등분으로 나눈 후 모양을 잡으면 조금 더 수월해요)

❸ 기름을 두른 팬에서 약한 불로 노릇하게 구워 준 후 분량의 레몬소스와 곁들여 준다.

(고기 밑면이 노릇해 지면 한 번만 뒤집어서 양면이 같은 색감이 나도록 구워야 속이 촉촉하고 부드러운 함박스테이크의 맛을 즐기실 수 있어요)

> **FoodRan's Tip**
> 고기패티를 익힐 땐 뚜껑을 덮어 약한 불로 익혀야 속까지 잘 익어요
> 젓가락으로 찔러 봤을 때, 빨간 핏물이 올라오지 않으면 익은 거예요!

돌미나리

3~12월 | 100g · 16kcal

돌미나리는 밭에서 자라는 야생 미나리이다. 중금속 해독작용이 뛰어나 해물요리에 빠질 수 없는 재료로 단백질, 식이섬유, 비타민, 무기질, 철분, 칼슘, 미네랄이 풍부하다.

주요효능 갈증을 없애고 숙취를 없앤다. 여성출혈과 소아 발열에 좋다.
해독작용 / 노폐물제거 / 이뇨작용 / 고혈압예방 / 숙취해소
(부작용) 위장이 차가워 복통과 설사가 자주 나는 사람은 섭취를 주의해야 한다.

싱싱 채소 구별법 전체적으로 잎이 누렇게 색이 변하지 않고 고른 연녹색을 띤 것. 줄기가 너무 크고 두껍지 않은 것.

올바른 세척법 시든 잎을 정리한 후 찬물에 담가 흔들어가며 사이사이 이물질이 제거되도록 해준 후 흐르는 물에 몇 차례 더 씻는다.

똑똑한 보관법 신문지에 감싸 눌리지 않도록 냉장보관 해 준다.

무엇이든 물어보세요

Q 돌에서 자라서 돌미나리인 건가요?

A 돌 위에서 바로 자라는 것은 아니고 돌 틈이나 도랑 옆 밭이나 풀이 많은 습기가 유지되는 곳에서 자라요. 일반 미나리는 습지에서 수초형식으로 자랍니다.

Q 일반 미나리랑 어떻게 구별할 수 있나요? 영양성분에는 어떤 차이가 있는 건가요?

A 영양 면에서는 거의 비슷한 편이며 돌미나리가 조금 더 향이 진하고 효능도 풍부합니다. 일반미나리는 줄기 부분이 더 발달 되어 길고 질긴 편입니다. 돌미나리는 뿌리를 잘라서 출하되는데 잎이 풍성하고 일반 미나리보다 줄기가 가늘고 연하며 길이는 짧아요.

Q 미나리 손질을 할 때, 거머리가 있다고 하는데 돌미나리도 그럴 수 있나요?

A 일반 미나리는 논에 물을 가둬 재배하는 방식이라 거머리가 있는 경우가 많지만, 돌미나리는 물 바로 위가 아닌 밭에서 자라기 때문에 일반 미나리보다는 거머리 접촉 위험이 덜한 편이에요. 하지만 습기가 유지되는 곳에서 자라기 때문에 벌레나 불순물이 있을 수 있으니 식초를 약간 넣은 물에 5~10분간 담가 두었다가 씻어 드시는 것을 권해드립니다. 요새는 마트에서 대부분 깨끗하게 세척 포장되어 나오기 때문에 안심하셔도 됩니다.

Q 돌미나리에 독성이 있나요?

A 아니요, 오히려 각종 독성을 해독하는 작용을 합니다. 중금속을 해독하기도 하고 복어의 독을 중화하기도 합니다.

돌미나리를 넣고 달걀말이를 만들면 단백질도 섭취할 수 있고 향긋한 맛과 푸른 색감도 더해져 아이들 반찬, 도시락 반찬으로 좋아요. 일반 미나리보다 여려서 오래 가열하지 않아도 됩니다.

| 돌미나리 월남쌈 |

밭에서 자라는 야생미나리는 줄기와 잎이 연해 생으로 먹기 좋은 채소예요. 향도 진하고 식이
섬유가 풍부해 변비예방에 좋으며 향긋한 요리로 활용해 드시기 좋아요.
월남쌈 피와 함께 쌈으로 드시면 부담 없이 미나리 섭취를 많이 할 수 있습니다.

**재료&
만드는 방법**

돌미나리	60g	파프리카	1/2개
라이스페이퍼	8장		

참깨소스) 간참깨 3큰술 / 플레인요거트 1/4컵 / 레몬즙 2큰술 / 땅콩버터 1큰술

❶ 돌미나리, 파프리카를 7cm 길이로 썰어 준다.

❷ 따뜻한 물에 라이스 페이퍼를 한 장씩 담그고 부드러워 지면 재료를 얹어 감싸 말아 준다.

❸ 절반을 썰어 담은 후 참깨소스와 곁들여 준다.

FoodRan's Tip
월남쌈을 말 때 쌈 피가 촉촉한 상태에서 마르기 전에 말아야 예쁘게 잘 나와요

돌나물

3~5월 | 100g·11kcal

들이나 산기슭에 자라는 앙증맞은 산뜻한 봄철 대표 나물인 돌나물은 새콤한 신맛이 일품으로 입맛을 사로잡는 건강식품이다. 칼슘, 인, 비타민C, 무기질, 피토에스트로겐이 풍부하다.

주요효능　열을 식히고 소변을 잘 나가게 해주며 염증과 종기를 가라앉힌다.
성인병예방 / 식욕촉진 / 콜레스테롤수치감소 / 피로회복 / 살균작용 / 소염작용 / 해독작용 / 갱년기우울증 / 피부수분보충
(부작용) 몸이 차거나 소변을 자주 보는 경우에는 주의해서 섭취하는 것이 좋다.

싱싱 채소 구별법　잎이 통통하고 모양이 잘 잡혀 있으며 무르지 않은 것. 색이 골고루 연녹색을 띤 것.

올바른 세척법　소금을 약간 넣은 물에 담갔다가 살며시 흔들어가며 씻어 풋내를 없앤다. 잎이 연하니 너무 힘을 가하지 않도록 주의한다.

똑똑한 보관법　물을 살짝 묻힌 종이행주를 용기에 깔고 그 위에 담아 냉장 보관한다.

 # 무엇이든 물어보세요

Q 돌나물은 왜 돌나물인가요? 돈나물이랑 같은 말인가요?

A 지역에 따라 돌나물, 돈나물, 돗나물 등으로 다양하게 불리는데 돌나물이 표준어입니다. 돌 사이에서 잘 자란다고 하여 붙여진 이름이에요.

Q 돌나물의 풋내를 없애는 방법은?

A 소금물에 흔들어 가며 씻은 다음, 깨끗한 물로 다시 한번 세척 하세요.

Q 돌나물은 초장에 많이 찍어 먹는데 왜 그런 건가요?

A 돌나물은 연하기 때문에 보통 생으로 초장에 묻혀 먹는 경우가 많은데 초장이 남아있는 풋 내를 없애고 향긋한 봄나물의 풍미는 살려주기 때문입니다. 데친 브로콜리를 초장에 찍어 먹는 것도 같은 이유 때문이에요. 초장에 사과즙을 섞어 곁들이거나 레몬즙을 섞으면 자극 적이지 않게 저염식 초장을 만들 수 있어요.

Q 꽃대가 올라온 돌나물을 먹어도 되나요?

A 꽃대가 올라오기 전의 잎과 줄기를 먹어야 연하고 쓰지 않아요. 꽃대가 올라온 후에는 먹을 순 있지만 질겨지고 쓴맛이 납니다.

돌나물을 샐러드채소로 활용하면 더욱 친근하게 자주 섭취할 수 있어요. 돌나물은 되 도록 가열하지 않아야 영양소를 그대로 섭취할 수 있답니다. 요리의 토핑으로 새싹이 나 베이비 채소를 대체하여 돌나물을 활용하면 좋아요.

| 돌나물 유부주머니 |

돌나물은 보통 생으로 초장에 찍어 먹는데요, 초장에 염분이 많아서 너무 많이 찍어 드시지 않도록 하는 게 좋아요. 돌나물 유부주머니는 아이들도 친근하게 접할 수 있는 요리로 예쁜 도시락을 만들기 좋은 메뉴예요. 보통 유부초밥을 많이 떠올리는데 유부 속에 돌나물과 게맛살을 상큼한 요거트 소스와 버무려 잔뜩 채워 넣은, 한입에 쏙쏙 먹을 수 있는 메뉴예요. 유부가 단백질을 보충해서 영양균형이 좋은 요리랍니다.

재료& 만드는 방법

돌나물	1컵	건유부	6장
게맛살	1/2컵		

요거트소스) 플레인요거트 1/2컵 /
다진양파 3큰술 / 치즈가루 1큰술 / 바질가루 1작은술

❶ 말린 유부를 끓는 물에 데쳐 찬물에 헹군 후 물기를 짜 준다.

　(말린 유부를 한번 데쳐야 기름기를 제거할 수 있어요)

❷ 게맛살을 손으로 잘게 찢어 돌나물, 분량의 요거트 소스와 함께 버무려 준다.

❸ 유부주머니 안에 채워 준다.

얼갈이배추

11~12월 | 100g · 10kcal

겉절이로 친숙한 얼갈이배추는 된장국 레시피가 가장 대중적이다. 저열량 저지방 채소로 일반 배추보다 잎이 연하여 생으로 먹어도 좋다. 다이어트 채소로도 많이 활용되는데 비타민C와 식이섬유, 칼슘이 풍부하다.

주요효능   폐열로 인한 기침, 감기 등을 치료하며 대변을 잘 보게 해주고 술독을 없앤다.
감기예방 / 변비예방 / 기침완화 / 피부미용 / 해독작용
(부작용) 위장이 차가운 사람은 복용을 주의해야 한다.

싱싱 채소 구별법   줄기의 흰 부분에 수분이 생겨 누렇게 짓무르지 않고 하얗고 탄탄한 것. 잎은 전체적으로 연두색을 띠고 숨이 죽지 않은 것.

올바른 세척법   줄기 끝 부분을 살짝 다듬고 흐르는 물에 잎 부분까지 깨끗하게 씻는다.

똑똑한 보관법   그대로 신문지에 도톰하게 감싸 서늘한 곳에 잎이 눌리지 않도록 보관하며, 뿌리 쪽이 아래로 가게 둔다.

 # 무엇이든 물어보세요

Q 얼갈이의 뜻은?

A 겨울에 논밭을 대강 갈아엎고 푸성귀를 심는 것을 뜻합니다.

Q 얼갈이배추와 일반배추 그리고 양배추의 영양성분의 차이는 어떠한가요?

A 비타민이나 식이섬유 등의 전체적인 영양성분은 같은 편이에요. 얼갈이배추는 다른 배추에
비해 비타민C가 풍부하고, 일반배추는 칼륨이 풍부하며 양배추는 비타민U가 풍부하다는
다소간의 차이는 있답니다.

Q 쓰고 남은 얼갈이배추를 쉽게 활용하는 방법은?

A 데친 후 물기를 짜서 냉동 보관해서 국이나 찌개, 무침을 할 때 조금씩 꺼내 쓰면 좋아요.

Q 얼갈이배추는 왜 겉절이 담글 때 많이 쓰는 걸까요?

A 잎이 크지 않고 연하며 단맛이 있기 때문에 생으로 바로 무쳐 먹기 좋은 배추예요.

얼갈이배추를 겉절이나 김치로만 드시지 말고 양식 요리에도 활용하면 굉장히 색다른
분위기를 연출할 수 있어요. 잎과 줄기가 단단해서 국이나 찌개, 볶음요리에도 좋은
음식재료인데 얼갈이에 부족한 영양소를 보완해줄 해산물이나 육류, 콩류와 함께 섭
취하면 음식 궁합이 좋아요. 얼갈이를 시금치나물 무치듯이 두부와 함께 무쳐도 맛있
는 요리가 됩니다.

| 얼갈이 바지락파스타 |

속이 차기 전에 수확한 얼갈이배추는 겉절이나 무침, 국으로 주로 활용되는데 퓨전스타일로 파스타에 함께 넣어 드시면 친근하게 접할 수 있어요. 국이나 김치가 아닌 파스타 면과 부드럽게 볶아주면 영양이 풍부한 오일 파스타를 만들 수 있고 느끼함도 덜 수 있어요.
김장 후 남은 배추를 파스타에 활용하면 더욱 신선하고 비타민C까지 보충하는 건강식 파스타가 완성됩니다.

**재료&
만드는 방법**

얼갈이배추	한줌	바지락	1컵
파스타면	130g	건고추	1개
슬라이스마늘	3큰술	베이컨	1줄
소금, 후추	약간	면수	100ml
올리브유	80ml		

❶ 오일, 소금을 넣은 끓는 물에 파스타 면을 넣어 6분간 삶아 식혀준다.

　(제 경험으로 볼 때, 가는 스파게티면은 6분을 삶는 게 가장 맛있는 식감의 면이 됩니다)

❷ 베이컨, 건고추를 먹기 좋게 썰어준다.

❸ 기름을 두른 팬에 센 불로 마늘, 베이컨, 고추를 넣고 노릇하게 볶아 준다.

　(노릇노릇하게 볶아야 풍미가 더욱 깊어져요)

❹ 면수를 붓고 바지락을 넣어 뚜껑을 덮어 준다.

❺ 바지락 입이 벌어지면 면과 얼갈이를 넣고 간을 맞춰 준다.

　(양념 간을 봤을 때, 짭짤하다고 느껴질 정도가 면과 함께 먹을 때 적당한 간이 됩니다)

FoodRan's Tip
면수는 파스타 면을 삶은 물이에요

마늘

6~8월 | 100g·120kcal

먹으면 사람이 된다고 단군신화에 나오는 마늘은 예부터 장수 식품으로 알려졌다. 한식에 빠질 수 없는 재료로 대부분 요리에 감초처럼 쓰이고 있는 마늘은 항암효과가 탁월하고 알리신, 칼슘, 철, 인, 비타민B1이 풍부하게 들어 있다.

주요효능 종기를 없애주고 위장을 따뜻하게 하며 냉증을 없앤다.
암예방 / 강장효과 / 피로회복 / 정력증가 / 항균작용 / 전염병예방 / 체력증진 / 신진대사촉진 / 콜레스테롤저하 / 지방축적예방 / 노화방지 / 면역력강화
(부작용) 위장이 약한 사람은 복용을 주의해야 한다.

싱싱 채소 구별법 깨끗하고 단단하며 싹이 나지 않고 누렇게 변하지 않은 것.

올바른 세척법 꼭지를 제거한 후에 체에 담아 흐르는 물에 깨끗하게 씻는다.

똑똑한 보관법 물기가 없는 상태에서 밀폐용기에 넣어 냉장 보관한다. 껍질이 붙어있는 경우, 신문지에 감싸 서늘한 곳에 보관한다. 장기 보관할 시, 어느 정도는 갈아서 통이나 지퍼백에 나누어 담은 후 냉동 보관한다.

 **무엇이든 물어보세요**

Q 마늘 꼭지에 세균이 많다는데 사실인가요?

A 마늘 꼭지는 세균 증식의 위험이 많아 따내고 섭취하는 것이 안전합니다.

Q 마늘을 생으로 먹을 때와 익혀 먹을 때 영양성분은 어떤 차이가 있나요? 고기를 구워 먹을 때 마늘은 생으로 먹는 게 좋은가요? 익혀 먹는 게 좋은가요?

A 생마늘은 비타민과 알리신 성분을 거의 그대로 섭취할 수 있기 때문에 좋지만, 그냥 그대로 먹으면 위에 부담을 주어 다른 음식과 함께 섭취하는 것이 좋습니다. 생마늘을 먹어 위가 쓰린 건 위점막을 자극하기 때문이라고 해요. 마늘을 익혀 먹으면 위벽자극 부담을 줄이고 매운맛도 감소시킬 수 있어요. 비타민이나 알리신 성분은 어느 정도 감소하지만, 폴리페놀 성분은 오히려 상승하며 영양소의 흡수율은 높아집니다. 마늘은 다른 채소에 비해 열을 가한다고 해서 영양성분이 완전히 파괴되지는 않는다고 합니다. 찐 흑마늘이 건강에 좋은 것도 같은 이유 때문이에요.

Q 마늘에 싹이 났는데 먹어도 될까요?

A 감자의 싹은 솔라닌의 독성이 있어 제거해야 하지만 마늘의 싹은 독성이 없어 문제가 되지 않습니다.

마늘은 잘게 잘라서 요리에 많이 사용하지만 통으로 익혀 먹으면 더욱 건강에 좋아요. 알이 너무 크거나 잘 안 익는다면 먼저 살짝 끓는 물에 삶은 후 조리하면 쓴맛은 빠지고 고소한 맛이 배가됩니다. 마늘슬라이스를 튀겨서 샐러드나 곁들임 요리에 많이 활용하는데 가정에서 튀길 때, 수분을 꼭 제거한 다음 슬라이스 마늘을 기름에 튀겨 주세요. 그래야 끈끈한 마늘의 점액질이 제거되어 타지 않고 고소하게 튀겨 져요.

| 통마늘 오일그라탕 |

마늘은 호랑이가 포기할 만큼 많이 섭취하기에는 부담스러운 채소인데요. 통마늘 오일그라탕은 통마늘을 고소하고 맛있게 만들어 많이 먹어도 부담 없이 즐길 수 있는 요리예요. 그라탕이지만 느끼하지 않고 통마늘이 조연이 아닌 주연인 요리로 마늘이 닭고기의 잡내도 잡아주고 단백질 흡수를 도와 건강하게 드실 수 있어요.

재료&
만드는 방법

통마늘	1/2컵	닭안심살	2덩이
파프리카	1/4개	브로콜리	50g
슬라이스치즈	1장	치즈가루	1큰술
허브소금	약간	올리브유	3큰술

❶ 통마늘을 끓는 물에 한소끔 삶아 준다.

   (통마늘을 살짝 삶으면 매운맛도 빠지고 오븐에서 익히기 수월해요)

❷ 재료들을 한입 크기로 썰어 준다.

❸ 팬에 올리브유를 두른 후 썬 재료를 센 불에서 볶아 준다.

❹ 볶은 재료는 그라탕 용기에 담고 슬라이스 치즈를 뜯어 얹은 다음, 치즈가루, 허브 소금을 뿌려준다.

❺ 190도로 예열한 오븐에 10분간 구워 준다.

> **FoodRan's Tip**
> 모차렐라 피자치즈를 활용해도 좋지만, 슬라이스 치즈를 사용해야 열량을 낮출 수 있어요

씀바귀

3~4월 | 100g · 55kcal

옛말에 이른 봄 씀바귀를 먹으면 그해 여름 더위를 타지 않는다는 말이 있을 정도로 오장의 사기와 속의 열기를 없애고 마음과 정신을 안정시킨다고 알려진 채소다. 식이섬유, 단백질, 무기질, 칼슘, 인, 철분이 풍부하다.

주요효능 식욕을 좋게 하고 해열 해독 작용이 있으며 염증과 붓기를 가라앉힌다.
해열작용 / 설사예방 / 붓기완화 / 노화방지 / 항암효과 / 간질환예방 / 알코올분해 / 해독작용
(부작용) 배가 차서 설사를 자주 하는 사람은 주의해야 한다.

싱싱 채소 구별법 뿌리 쪽에 잔털이 없고 가늘고 튼튼하게 모양새가 유지된 것. 수분이 생겨 포장용기에 습기가 차있거나 짓무르지 않은 것.

올바른 세척법 묻어 있는 흙을 털어내고 찬물에 담가 흔들어 헹군 후 흐르는 물에 다시 한 번 씻는다.

똑똑한 보관법 신문지 한 장에 감싸 위생봉투에 넣어 눌리지 않게 냉장 보관한다. 장기 보관 시, 한소끔 데쳐 수분 제거 후 지퍼백에 넣어 냉동 보관한다.

 무엇이든 물어보세요

Q 씀바귀는 정말 맛이 써서 씀바귀인가요?

A 잎과 뿌리에 있는 하얀 즙이 쓴맛이 난다고 하여 씀바귀라고 불리기 시작했답니다.

Q 씀바귀와 고들빼기는 어떤 차이가 있나요?

A 씀바귀는 뿌리를 나물무침으로 많이 활용하는 편이고 고들빼기는 김치로 많이 활용하는 편이에요. 둘 다 국화과 식물로 쓴맛은 있지만, 씀바귀가 고들빼기보다 조금 더 쓴맛이 강하고 뿌리가 더 길고 가늘게 뻗어 있어요. 씀바귀는 여러해살이 식물이고 고들빼기는 2년생 식물이에요.

Q 씀바귀를 삶은 물이 몸에 좋다는데 사실인가요?

A 성질이 차고 독이 없어 속의 열기를 없애고 마음의 안정을 주는 효과가 있다고 합니다. 씀바귀의 쓴맛이 부담스러울 수 있으니 연하게 끓여 마시는 게 좋아요.

Q 씀바귀를 맛있게 무치는 방법은?

A 씀바귀의 쓴맛을 없애기 위해 쌀뜨물에 20분 정도 담가 두었다가 양념장에 무쳐 주세요. 양념장에 사과즙이나 배즙을 갈아 섞어 주면 쓴맛도 보완해 주고 새콤달콤하게 먹을 수 있어요. 씀바귀의 쓴맛은 그대로를 즐겨보시는 게 가장 좋아요.

씀바귀는 이름 그대로 쓴맛이 있는데 이는 오히려 입맛을 돋우어 주는 효과가 있어 입맛 없을 때 드시면 좋아요. 무쳐 먹을 때 양념에 달콤한 과일을 갈아서 함께 무치면 쓴맛도 완화되고 영양균형도 좋습니다. 장아찌로 담가 먹으면 쓴맛도 빠지고 감칠맛이 생겨 오래 두고 드실 수 있어요.

| 씀바귀 샐러드 피자 |

이름처럼 쌉싸름한 맛이 특징인 씀바귀는 그냥 먹어도 좋지만, 피자에 넣어 드시면 쓴맛도 줄이고 더욱 고소하고 건강하게 먹을 수 있어요. 또띠아 위에 토핑형태로 얹어서 구우면 굉장히 멋스럽고 맛있어요. 씀바귀 샐러드 피자에 아보카도 소스를 바르면 더욱 고소하고 부드럽게 먹을 수 있는데요, 아보카도는 악어의 등 껍질같이 생긴 열대과일로 미네랄, 칼륨이 풍부해 나트륨배출과 노화방지에 으뜸이에요. 씀바귀와 아보카도는 아이들이나 어른들이 주로 접하지 못한 음식재료인데 샐러드피자에 넣어 드시면 친근하게 다가가기 좋답니다. 손님 초대 시, 맥주 안주나 간식으로 내놓으면 굉장히 센스있는 요리가 될 거예요.

재료& 만드는 방법

씀바귀	한줌	미니파프리카	2개
올리브	3개	베이컨	1줄
양파	1/6개	어린잎채소	적당량
또띠아	2장		

아보카도소스) 아보카도 1/2개 / 크림치즈 1큰술 / 플레인요거트 1/2컵 / 레몬즙 1큰술 / 꿀 1큰술

❶ 씀바귀는 씻은 후 끓는 물에 한소끔 데쳐 식혀준다.

　(오븐에서도 익히기 때문에 가볍게만 데쳐주세요)

❷ 미니파프리카와 올리브, 베이컨과 양파를 잘게 썰어 준다.

❸ 분량의 아보카도소스는 믹서에 곱게 갈아 준비한다.

❹ 또띠아 한 장 위에 아보카도소스를 바르고 재료들을 얹어 준다.

❺ 190도 예열한 오븐에 7분간 구워 준다.

> **FoodRan's Tip**
> 아보카도는 껍질이 새파랗고 딱딱할 때보다 거뭇거뭇 부드럽게 익은 상태가 더욱 고소하고 부드러워요

영양부추

11~3월 | 100g·21kcal

봄 부추는 인삼과도 바꾸지 않는다고 할 정도로 영양이 풍부하다. 길이가 가늘고 짧은 영양부추는 솔잎처럼 생겨서 솔부추, 실처럼 가늘어서 실부추라고도 한다. 칼슘, 철분, 비타민, 칼륨이 풍부하다.

주요효능 심장과 위를 좋게 하고 가슴 통증을 없앤다. 어혈을 없애며 허리와 무릎을 튼튼하게 한다.
나트륨배출 / 위장염예방 / 기관지염예방 / 기침완화 / 성인병예방
(부작용) 뜨거운 성질이라 열성 체질이나 열성 질환을 앓는 사람은 유의해야 한다.

싱싱 채소 구별법 색이 초록색으로 곧게 뻗어 있고 부분적으로 짓무르거나 잘리지 않은 것.

올바른 세척법 체에 담아 흐르는 물에 흔들어 씻는다.

똑똑한 보관법 물기가 묻지 않은 상태에서 랩에 가볍게 감싼 후 위생봉투에 넣어 냉장 보관한다.

 # 무엇이든 물어보세요

Q 영양부추가 일반 부추보다 영양이 풍부한가요?

A 부추 종류는 영양 성분이 대부분 비슷해요. 영양부추는 조선부추에 비해 가늘고 짧아서 샐러드용으로 많이 쓰이고 매운맛이나 쓴맛이 적답니다.

Q 영양부추를 삶으면 영양분 손실이 큰가요?

A 영양부추는 일반 부추에 비해서 가늘고 여려서 영양분 손실이 큽니다. 따라서 생으로 먹는 게 가장 좋습니다. 익히거나 찔 경우, 남은 열기나 약한 미열로 조리해서 드시는 걸 권합니다. 하지만 부추를 삶은 물에는 살균 효과가 있고 간 질환을 개선하고 간을 보호하는 효과가 있다고 알려졌습니다. 부추를 삶으면 그 물을 꼭 드시길 바랍니다.

Q 돼지국밥이나 굴국밥 등에 부추겉절이를 넣는 이유가 있나요?

A 국밥이나 설렁탕에 깍두기 국물을 넣어 말아 먹는 것도 비슷한 예인데, 느끼함을 잡아주고 소화작용을 도와주는 효과가 있습니다. 또한, 부추의 향으로 누린내나 비린 잡내를 제거해주며 입맛을 돋우어 주고 음식의 볼륨감을 살려 줍니다. 뜨거운 국물을 자연스럽게 식혀주는 역할도 합니다.

실처럼 가는 영양부추는 그만큼 여려서 생으로 드시는 게 식감도 살리고 영양섭취에도 가장 좋아요. 베이컨이나 소고기에 얹어 돌돌 말아 구워 먹어도 영양 궁합이 좋고 김밥이나 롤 속 재료로 넣어 활용해도 좋습니다. 볶음 요리나 국에 넣으면 금방 숨이 죽어 지저분해 보일 수 있어 가열요리에 넣을 땐 완성되어 그릇에 담은 후 위에 얹어주는 게 좋아요.

| 영양부추 메밀쌈 |

영양부추는 이름처럼 영양이 풍부한 부추예요. 보통 무침으로 많이 드시고 고기요리에 싸서 드시는데 영양부추 메밀쌈은 영양부추의 아삭함과 메밀 전병의 쫄깃함의 조화가 좋아 많은 양의 영양부추를 부담 없이 먹을 수 있는 요리예요. 별도의 간장양념을 찍어 드실 필요가 없어 저염식으로 맛있게 드실 수 있어요.

**재료&
만드는 방법**

영양부추	한줌	메밀가루	1컵
달걀	1개	소금	약간
물	1컵		

김치양념) 다진김치 1/4컵 / 간장 1큰술 / 참기름 1큰술 / 깨 약간

❶ 메밀가루와 달걀, 소금에 동량의 물을 부어 반죽을 만든다.

  (더욱 곱게 반죽을 하고 싶은 경우, 만든 반죽을 체에 한 번 더 걸러주세요)

❷ 팬에 약한 불로 반죽을 부어준 후 영양부추를 깔아 준다.

❸ 익어가면 돌돌 말아서 익혀 준다.

  (반죽이 다 익기 전, 촉촉할 때 말아야 풀처럼 잘 붙어 모양이 튼튼해요)

❹ 한입 크기로 썬 후 분량의 김치 양념과 곁들인다.

FoodRan's Tip
메밀가루 대신 밀가루로 활용해도 좋아요

숙주

9~11월 | 100g · 11kcal

숙주는 녹두의 싹으로 녹두의 영양과 채소의 비타민을 모두 함유하고 있다. 콩나물처럼 아삭하고 시원한 맛이 일품인 숙주는 96%가 수분으로 이루어져 열량이 낮아 다이어트 식품으로 적합하다. 무침이나 녹두빈대떡의 부재료로 쓰이기도 하고 베트남 쌀국수에서 친숙하게 만날 수도 있다. 단백질, 칼슘, 식이섬유, 비타민B, 비타민C. 비타민A, 칼륨, 철분, 아스파라긴산이 풍부하다.

주요효능	심한 열 증상과 술독을 없앤다. 노폐물제거 / 해독작용 / 빈혈예방 / 변비개선 / 숙취해소 (부작용) 위장이 차가운 사람은 주의해야 한다.
싱싱 채소 구별법	뿌리는 길지 않고 누렇게 색이 변하지 않아야 하고 줄기는 희고 통통한 것.
올바른 세척법	체에 담아 흐르는 물에 흔들어 가며 가볍게 씻은 후 수분을 제거해 준다.
똑똑한 보관법	숙주는 금방 숨이 죽고 노랗게 시들기 때문에 당일 먹는 것을 권장한다. 포장 그대로 냉장고에 두기보다는 용기에 찬물과 함께 담가 냉장 보관하는 게 좋다.

 # 무엇이든 물어보세요

Q 숙주는 녹두의 싹인가요?

A 콩나물은 콩의 싹, 숙주나물은 녹두의 싹이에요. 그런데 녹두의 싹이면 녹두나물이 아닐까 하는 의문이 생기는데요, 원래는 녹두나물로 불렸답니다. 세종 때 왕의 총애를 가장 많이 받은 신숙주라는 학자가 수양대군의 왕위찬탈에 가담하여 후세에 비난을 받게 되었는데, 콩나물보다 녹두나물이 쉽게 시들고 상하기 때문에 녹두나물을 숙주나물이라고 부르며 변절한 신숙주를 비꼬았다고 합니다.

Q 숙주와 콩나물은 모양이 비슷한데 영양성분은 어떤 차이가 있나요? 손쉬운 구별법은 무엇인가요?

A 숙주가 콩나물보다 비타민A가 훨씬 많고 콩나물은 숙주보다 아스파라긴산 성분이 우월해 숙취 해소에 도움이 됩니다. 숙주는 콩나물보다 길이가 더 짧고 가늘며 녹두의 연녹색 대가리가 갈라진 모양새로 달려있고 콩나물은 더 길고 통통하며 노란 빛깔로 알이 큰 대가리가 단단하게 달려 있어요. 꼬리 부분도 콩나물이 숙주보다 길게 더 뻗어 나와 있어요.

Q 베트남 쌀국수에 숙주를 넣어 먹는 이유는?

A 베트남은 더운 나라인데요, 숙주는 열을 식히는 효능이 있고 쌀에 부족한 비타민도 보충해 주기 때문에 음식궁합이 좋습니다.

Q 숙주를 삶을 때 콩나물 삶을 때와 어떤 차이가 있나요?

A 숙주는 콩나물보다 금방 숨이 죽고 색이 변하기 때문에 끓는 물에 30초~1분간 데친 후 바로 차가운 물에 식혀 줘야 합니다. 콩나물은 익어가는 과정에서 산소와 만나면 비린내가 발생하기 쉬워 끓는 물에 넣고 뚜껑을 덮은 후 2분간 삶은 후 바로 찬물로 헹궈 줍니다.

숙주는 열에 약하기 때문에 가열 시엔 조리를 마무리할 때에 넣는 게 좋아요. 나물로 무쳐먹기도 하는데요. 소금을 약간 넣은 끓는 물에 한소끔 데친 후 체에 건져 찬물에 헹구지 않고 그대로 냉장고에 넣어 식혀 줘야 아삭하고 비리지 않게 드실 수 있어요. 콩나물도 삶은 후 이와 같은 방법으로 식혀 무쳐 드시는 게 좋아요.

| 숙주 낙지볶음 |

낙지는 저열량 저지방으로 숙주에 부족한 타우린과 무기질을 보충해 줍니다. 숙주 낙지볶음은 다이어트에 좋은 볶음 요리예요. 숙주는 숨이 금방 죽기 때문에 오래 가열하지 않는 게 포인트인데 이렇게 볶아서 드시면 아삭한 식감과 숙주의 향을 제대로 즐기실 수 있어요.

숙주 대신 콩나물로 볶아도 좋은데요, 콩나물은 콩이 발아되어 생긴 싹으로 아미노산인 아스파라긴산이 풍부한데 특히 꼬리 쪽에 굉장히 많이 들어 있어요. 따라서 꼬리 부분을 잘라내지 마시고 다 드시는 게 더욱 좋아요.

재료& 만드는 방법

숙주	한줌	낙지	2마리
양파	1/4개	홍고추	1개
청양고추	1개	대파	1/2대
참기름, 깨			

양념) 간장 1큰술 / 국간장 1큰술 /
맛술 1큰술 / 다진마늘 1작은술 / 다진생강 1/2작은술 / 후추 약간

❶ 낙지는 머리의 내장을 제거한 후 큼직하게 썰어주고 채소류는 어슷하게 썰어 준다.

(낙지 내장은 낙지 머리를 뒤집어서 손으로 뜯어주면 되는데 어려우면 구매 시 내장을 제거해 달라고 부탁하면 좋아요)

❷ 기름을 두른 팬에서 센 불로 낙지와 채소를 볶아 준다.

(낙지의 비린 향과 수분을 날려주는 느낌으로 볶아주세요)

❸ 양념과 숙주를 넣어 재빠르게 센 불로 볶아 주고 참기름과 깨를 넣어 마무리한다.

(숙주가 남은 열기로 숨이 죽는 걸 생각해서 살짝 볶아 주세요)

FoodRan's Tip

국간장과 간장을 함께 사용해 간을 맞추면 적절한 단맛과 짠맛이
조화를 이루어 풍미가 살아나며 색감이 너무 짙어지는 걸 방지해요

밤

9~12월 │ 100g·162kcal

밤나무의 열매로 게르마늄이 함유된 웰빙 간식이다. 영양이 골고루 들어 있는 자양식품이므로
병을 앓고 난 사람이나 유아에게 적합한 식품이다. 탄수화물, 비타민, 단백질, 지방, 무기질 등
5대 영양소가 골고루 함유된 완전식품이나 탄수화물이 주성분으로 많이 먹으면 다이어트에
좋지 않다.

주요효능　기운을 돋우고 위장을 강하게 한다.
감기예방 / 성인병예방 / 신장보호 / 피부미용 / 숙취해소 / 이뇨작용
(부작용) 열이 많거나 변비가 있는 경우, 많이 섭취하지 않는 게 좋다.

싱싱 채소 구별법　통통하고 단단하며 껍질이 갈색으로 윤기가 나는 것.

올바른 세척법　찬물에 담가 씻은 후 껍질을 벗겨 설탕을 약간 넣은 물에 담가 갈변을 방지한다.

똑똑한 보관법　껍질이 있는 상태라면 그대로 위생봉투에 담아 냉장 보관한다. 깐 밤은 설탕
물에 담갔다가 가볍게 물기만 털고 종이행주에 둘러 랩에 감싸 밀봉 후 냉장
보관한다. 오래 두고 먹고 싶다면, 밤을 껍질째로 절반으로 썰어 햇빛이나 건
조기에 말려 보관한다.

무엇이든 물어보세요

Q 밤은 많이 먹을 경우, 고열량으로 변한다는데 그 이유는 무엇인가요?

A 탄수화물이 주성분이기 때문에 과잉 섭취 시 탄수화물이 과다해지면 탄수화물이 지방으로 변하기 때문입니다.

Q 생으로 먹을 때와 익혀 먹을 때 열량 차이가 나나요?

A 30g 기준으로 생밤은 47칼로리 삶은 밤은 49칼로리예요. 크게 차이가 없어요. 영양성분도 밤은 열매 자체가 단단하고 껍질도 딱딱하게 감싸져서 익히는 과정에서 영양 손실이 거의 없어요. 익히면 당도는 더욱 높아져 맛이 좋아집니다.

Q 밤의 속 껍질이 몸에 좋은가요? 속 껍질을 편하게 먹는 방법은 없나요?

A 속껍질은 율피라고도 하는데요, 율피팩이라고 들어보셨을 거예요. 그만큼 피부에 좋아 팩이나 비누, 화장품 원료로도 사용한답니다. 율피에 있는 타닌 성분은 피부 미백과 트러블에 좋고 설사와 배탈에도 좋아요. 속껍질을 말려 가루로 만들어 꿀과 섞어 팩이나 스크럽제로 활용하면 피부관리를 위한 천연 팩이 됩니다. 말린 율피를 끓여 우려내면 위장에 좋은 차로 드실 수 있어요.

하루에 세 개씩만 먹으면 보약이라는 말이 있듯이 밤은 우리 몸에 굉장히 좋은 완전 음식인데요, 삶거나 쪄 먹는 것만이 아니라 볶거나 구우면 밤의 식감이 더욱 살아납니다.

| 레드와인 밤구이 |

밤 하면 군밤, 깐 밤, 찐밤 등이 많이 생각나시죠? 이렇게 단순하게 조리해도 맛있는 밤을 우아하게 와인과 함께 하나의 요리로 완성하면 더욱 색다르고 맛있게 즐기실 수 있어요. 와인을 사용하지만, 가열해서 알코올이 날아가니 술을 못 드시는 분들도 걱정하실 필요가 없답니다. 와인 소스가 밤의 소화를 촉진하여 부담 없이 드실 수 있어요.

재료 & 만드는 방법

밤	30알	설탕	1큰술

와인소스) 레드와인 1/4컵 / 발사믹식초, 홀그레인머스타드 1큰술 / 올리고당 2큰술

❶ 밤은 껍질을 벗겨 설탕을 섞은 물에 담가 둔다.

(설탕물에 담가두면 갈변을 방지하고 단맛을 유지할 수 있어요)

❷ 분량의 와인 소스를 발라가며 팬에서 중간 세기 불로 노릇하게 굴리듯 구워 준다.

FoodRan's Tip
껍질을 벗기는 게 어려우면 시판용 깐 밤(생율)을 활용해도 좋아요

시래기

10~12월 | 100g · 32kcal

푸른 무청을 새끼 등으로 엮어 겨우내 말린 것을 시래기라 한다. 비타민과 미네랄이 풍부한 웰빙 식품으로 식이섬유와 칼슘도 풍부하다. 우거지와 헷갈리기 쉬운데 우거지는 배추 같은 푸성귀의 겉대를 말한다.

주요효능 뼈를 튼튼하게 하고 소화를 도와주며 대변을 잘 보게 해주고 노폐물을 없앤다.
골다공증예방 / 관절염예방 / 위장건강 / 탈모예방 / 신경통예방 / 변비예방 / 성인병예방
(부작용) 설사를 자주 하는 사람은 많이 섭취하지 않는 게 좋다.

싱싱 채소 구별법 줄기와 잎이 연하고 짓무르지 않으며 모양이 잘 유지된 것.

올바른 세척법 흐르는 물에 깨끗이 씻어 소금을 약간 넣은 물에 데쳐낸 후 억센 섬유질은 찢어내듯이 제거한다.

똑똑한 보관법 소금물에 데친 시래기는 물기를 꼭 짜서 주먹 만큼씩 나눠서 위생봉투에 넣어 냉동 보관하거나 건조기나 햇빛에 바싹 말려 그늘진 곳에 보관한다.

 # 무엇이든 물어보세요

Q 시래기는 무청일 때와 영양성분이 많이 차이가 나나요?

A 시래기는 무의 푸른 부분인 무청을 말린 건데 채소는 햇볕에 말리면 영양성분이 더욱 높아집니다. 말린 표고버섯 또한 비타민D가 훨씬 높고 무말랭이도 칼슘이 22배, 철분은 48배, 식이섬유는 15배나 증가한다고 해요. 이처럼 시래기는 각종 무기질, 단백질, 항산화 물질 등이 최대 30배가량 높아지며 비타민D와 칼슘도 더욱 상승한다고 합니다.

Q 아파트에서 손쉽게 시래기를 말리는 방법은 없을까요?

A 시래기를 깨끗이 씻어 소금을 약간 푼 물에 삶은 후 물기를 꼭 짜서 베란다나 창틀에 통풍이 잘되고 햇볕을 잘 받게 옷걸이에 걸어서 약 한 달 정도 말려주시면 됩니다. 꼭 햇볕이 드는 곳이 아니더라도 통풍만 잘되면 그늘진 곳도 무방합니다. 요새는 건조기를 사용하시는 예도 많습니다.

Q 시래기를 부드럽게 익혀 먹는 방법이 따로 있나요?

A 시래기를 반나절 정도 미지근한 물에 담가 불린 후 소금 넣은 물에 30~40분 정도 삶아 주면 좋습니다. 그리고 번거롭더라도 부드럽게 드시고 싶다면 줄기 껍질을 손으로 다 벗겨 주어야 질기지 않고 부드럽게 섭취할 수 있어요.

시래기는 볶거나 끓일 때, 부드럽게 익기까지 시간이 다소 많이 걸립니다. 너무 센 불이 아닌 중간보다 약한 불에서 뭉근하게 익혀 주어야 부드럽고 고소하고 담백한 시래기를 즐길 수 있어요. 잘 안 익히거나 억센 섬유질을 제거하지 않으면 굉장히 질기다고 생각하시기 쉬워요.

| 시래기 된장비빔면 |

시래기는 잘못 발음하면 쓰레기가 되니까 발음에 주의하세요! 시래기는 조리를 잘못하면 풋내도 심하고 섬유질이 굉장히 질겨 맛있다는 생각이 안 드실 수도 있는데, 제대로 된 방법으로 조리하면 정말 고소하고 맛있게 드실 수 있어요.
된장비빔면은 된장의 풍미가 시래기의 풋내를 잡아줘 감칠맛을 살려주며 소화가 잘되지 않는 섬유질의 소화까지 도와주어요. 자극적이지 않아 야식으로 드셔도 좋은 요리예요.

재료& 만드는 방법

시래기	적당량	삶은메추리알	3개
오이	1/4개	소면	80g

된장양념) 된장 1큰술 / 참기름 1작은술 / 참깨 약간 /
맛술 1큰술 / 사과즙 2큰술 / 식초 1큰술 / 다진마늘 1/2작은술

❶ 시래기를 끓는 물에 중간 세기의 불로 부드러워질 때까지 푹 삶고 질긴 섬유질은 칼로 제거해 준 다음, 오이는 채 썰어 준다.

❷ 소면은 끓는 물에 2~3분간 삶아 찬물로 헹궈주고 삶은 시래기는 수분제거 후 된장 양념과 조물조물 버무려 준다.

❸ 볼에 소면을 동그랗게 담은 후 나머지 재료들을 담아 준다.

FoodRan's Tip
된장 대신 고추장으로 대체해도 또 다른 요리가 됩니다

아욱

7~8월 | 100g · 20kcal

가을 아욱국은 사립문을 닫고 먹는다는 속담처럼 가을철이 맛있다. 중국에서 채소의 왕으로 불린 아욱은 시금치보다 단백질, 칼륨이 두 배 이상 많이 함유되어 있다. 칼슘, 비타민, 철분, 무기질도 풍부하다.

주요효능 일체의 소변장애를 치료하고 한열왕래에도 도움이 된다.
스트레스해소 / 이뇨작용 / 해독작용 / 성장발육촉진 / 다이어트
(부작용) 요실금이 있는 사람은 섭취하지 않는 게 좋다.

싱싱 채소 구별법 잎이 넓고 끝이 누렇게 변하지 않고 전체적으로 초록빛을 띠는 것. 잎과 줄기 대가 억세지 않고 튼튼하고 부드러운 것.

올바른 세척법 줄기의 억센 껍질 부분은 칼로 벗겨 내고 흐르는 물에 세척 후 볼에 담아 소금을 약간 뿌리고 빨래 빨듯이 초록 물이 나올 때까지 주물러 치대 준다. 그리고 체에 담아 흐르는 물에 깨끗하게 씻는다.

똑똑한 보관법 신문지나 종이행주에 감싸 위생봉투에 넣어 냉장 보관한다.

 # 무엇이든 물어보세요

Q 아욱과 호박잎의 차이는?

A 아욱은 가을제철로 국에 많이 사용되며 5~7갈래로 갈라진 뭉툭한 단풍잎 모양새지만, 호
박잎은 여름이 제철로 쌈밥에 많이 사용되며 가장자리가 5개로 얇게 갈라져 있어요.

Q 아욱은 빨래하듯 주물러야 한다고 하는데 그 이유는 뭔가요?

A 쓴맛, 풋내, 아린 맛을 제거해주며 거친 질감을 부드럽게 해주기 위함입니다.

Q 아욱된장국에 마른 새우를 넣는 이유는?

A 아욱된장국에 마른 새우는 빠질 수 없는 환상의 짝꿍인데요, 건새우에 부족한 비타민C, 베
타카로틴, 식이섬유는 아욱이 보충해 주고 아욱에 부족한 단백질은 건새우가 보충해 주기
때문에 영양 면에서도 좋고 맛도 훨씬 시원하게 해줍니다. 여기에 쌀뜨물까지 더해주면 구수
한 맛까지 더할 수 있어요.

Q 아욱은 잎도 넓은데 왜 쌈 채소로 활용되지 않는 걸까요?

A 아욱국은 예로부터 기력이 떨어졌을 때 먹는 국으로 유명합니다. 아욱으로 끓인 국은 시원
하고 구수한데 영양 또한 뛰어나기 때문이죠. 아욱은 생으로 먹기보단 우려야 제맛이 난다
고 할 수 있습니다.

아욱은 풋내가 날 수 있어서 세척을 잘해줘야 맛있게 먹을 수 있어요. 보통 국으로 많
이 끓여 먹는데 건새우를 넣어 시원하게 끓여 먹으면 균형 잡힌 영양을 골고루 섭취할
수 있어요. 시금치보다도 칼슘과 단백질이 풍부하니 성장기 어린이나 노인들에게 정말
좋은 채소예요.

아욱 등갈비 바비큐

아욱 등갈비 바비큐는 등갈비에 부족한 비타민, 무기질, 칼슘을 아욱이 보충하여 성장기 아이들에게 좋아요. 아욱과 함께 등갈비를 드시면 덜 느끼하고 담백하게 드실 수 있어요. 자극적이고 짠 바비큐 요리가 아닌 염분을 배출하고 콜레스테롤까지 낮춰주는 건강식이에요.

재료&만드는 방법

아욱	한줌	등갈비	600g

바비큐양념) 칠리소스, 돈가스소스 2큰술 / 고추장 1큰술 / 우스터소스 1큰술 / 케첩, 올리고당 2큰술 / 다진마늘 1작은술 / 월계수잎 2장 / 물 2큰술

❶ 아욱을 믹싱볼에 소금을 약간 넣고 손으로 치대면서 깨끗이 씻어 준다.

❷ 등갈비를 끓는 물에 겉면이 하얗게 변할 때까지만 한소끔 삶아 준다.

（양념을 발라가며 구워주기 때문에 너무 오래 삶지 않아도 됩니다）

❸ 삶은 등갈비를 분량의 바비큐 양념과 버무려 준다.

（버무리고 나서 시간의 여유가 있으면 1~2시간 정도 재워둔 후 조리하면 더욱 맛있어요）

❹ 마른 팬에 중간 세기의 불로 등갈비를 골고루 구워 가며 남은 소스를 발라 준다.

（등갈비 자체에 기름기가 있기 때문에 마른 팬에서 조리해야 담백해요）

❺ 노릇해지면 남은 소스와 아욱을 넣고 끓여 함께 조려 준다.

（양념을 바르면 바를수록 타기 쉬우니 불 조절에 유의하세요）

FoodRan's Tip
떡이나 삶은 메추리알을 함께 넣어 조리면 더욱 볼륨감 있게 완성됩니다

애호박

3~10월 | 100g · 38kcal

덜 자란 어린 호박이란 뜻으로 여름철 더위를 이기는 대표적 채소다. 호박전과 호박나물로 친숙한 애호박은 영양이 풍부하여 이유식 재료로도 자주 사용된다. 채소 중에서도 가격이 가장 들쭉날쭉한 편이기도 하다. 식이섬유, 칼륨, 비타민A. 비타민C, 미네랄, 칼슘, 단백질, 인 등이 풍부하다.

주요효능 위장을 튼튼하게 하고 부종을 없앤다.

치매예방 / 두뇌발달 / 성인병예방 / 소화작용 / 나트륨배출 / 붓기완화 / 노화방지

(부작용) 대소변을 자주 보는 사람은 과다 복용을 피하는 것이 좋다.

싱싱 채소 구별법 꼭지가 마르지 않고 전체적으로 연두색을 띠고 윤기가 있어 광택이 나는 것.

올바른 세척법 흐르는 물에 깨끗하게 씻는다.

똑똑한 보관법 마른 상태에서 랩에 감싸 냉장 보관한다. 절단 후 단면이 노출된 상태라면 단면에 수분이 많아 금방 상할 수 있으니 단면 부분을 종이행주로 감싼 후 전체적으로 랩핑하여 냉장 보관한다.

 # 무엇이든 물어보세요

Q 단호박은 붓기 제거에 탁월하다고 하는데 애호박도 붓기를 제거해주나요?

A 애호박은 칼륨이 풍부하여서 나트륨배출에 좋아 이뇨작용, 붓기 제거, 노폐물 배출에 효과가 있습니다.

Q 애호박이 새우젓과 궁합이 좋다는데 그 이유는 뭔가요?

A 새우젓이 체내 영양분 흡수를 도와주며 애호박이 물러지거나 뭉그러지지 않게 도와주고 간이 잘 배고 깔끔한 맛이 나게끔 해줍니다. 또한, 소금을 사용하지 않고 간을 할 수 있어서 저염식 조리법으로 활용할 수도 있어요.

Q 애호박은 언제부터 재배되었나요?

A 호박의 상업적 재배는 일제 강점기부터 있었으며 한반도의 산업화가 진행된 1960년대 이후 농촌에 급격히 퍼졌습니다.

애호박을 햄 구워 먹듯이 그냥 슬라이스로 얇게 썰어 팬에 구워서 드시면 건강에도 좋고 함께 먹는 짠 반찬의 나트륨을 배출하는 것도 도와줍니다. 꼭 밀가루와 달걀 물에 묻혀 기름진 애호박 전으로 먹지 않고도 이렇게 구워서 그냥 먹거나 간장이나 소금을 약간 첨가해 드시면 좋아요.

| 애호박 라자냐 |

애호박은 나물 반찬으로 많이 활용되는데 서양식 요리인 라자냐에 응용해 보았어요. 밀가루 면을 대신해 슬라이스 한 애호박을 사용했기 때문에 재미있고 건강하게 저열량 요리로 드실 수 있어요. 부담스럽지 않게 애호박을 섭취할 수 있으며 애호박에 칼륨이 풍부해 나트륨 배출에도 도움이 되는 요리예요.

**재료&
만드는 방법**

애호박	1개	슬라이스햄	2장
허브가루	약간	후추	약간
슬라이스치즈	1장	양파	1/4개

핫소스) 케첩 3큰술 / 페페론치노가루 1큰술 / 간장 1큰술 / 핫소스 1큰술 / 고춧가루 1큰술 / 물 2큰술 / 다진마늘 1작은술

❶ 애호박을 감자깎이칼(필러)을 이용해 얇게 슬라이스 해 준다.

❷ 양파, 햄은 다져 팬에서 볶다가 분량의 핫소스를 넣어 센 불로 걸쭉하게 끓여 준다.

❸ 라자냐 오븐 팬에 소스와 재료를 켜켜이 번갈아 가며 얹어 준다.

❹ 190도로 예열한 오븐에 넣고 10분간 노릇하게 구워 준다.

FoodRan's Tip
애호박뿐만 아니라 당근, 가지, 오이 등 기호에 맞게 함께 사용하셔도 좋아요

적양파

7~9월 | 100g·28kcal

'컬러 푸드'로 주목받고 있는 적양파는 매운맛과 냄새가 적어 생으로 먹으며, 푸른색 채소는 물론 각종 과일과도 잘 어울려 보통 샐러드에 이용한다. 적양파는 일반 양파보다 칼슘의 함량이 더 높고 열량이 적고 콜레스테롤 농도를 낮춰서 다이어트에 좋다. 안토시아닌, 비타민B, 비타민C, 칼슘, 인, 무기질, 항화아릴이 풍부하다.

주요효능　피를 맑게 해주며 노폐물을 없애고 염증을 가라앉힌다.
위장강화 / 혈액순환 / 노화방지 / 기억력증진 / 항산화작용 / 불면증예방 / 고지혈증예방
(부작용) 위장이 약한 사람은 과잉섭취를 피하는 것이 좋다.

싱싱 채소 구별법　단단하고 고운 적색을 띠며 윤기가 있는 것. 껍질에 흠집이나 짓무름이 없고 싹이 나지 않은 것.

올바른 세척법　껍질을 벗겨 흐르는 물에 깨끗하게 씻는다.

똑똑한 보관법　신문지를 상자나 바구니에 깔고 그 위에 적양파를 담아 서늘하고 통풍이 잘 되는 곳에 보관하거나, 냉장 보관한다. 껍질을 까서 보관할 땐, 꼭지 부분을 다듬지 말고 껍질만 벗겨 랩에 감싸 위생봉투에 담아 냉장 보관한다.

무엇이든 물어보세요

Q 적양파가 일반양파와 다른 점은?

A 일반 양파보다 쿼세틴 성분이 풍부해 피를 맑게 하고 혈관을 튼튼하게 합니다. 또한, 일반 양파보다 칼슘의 함량이 더욱 높습니다. 가격은 적양파가 조금 더 비쌉니다.

Q 적양파의 붉은 색깔에 영양소가 많이 있는 건가요?

A 적양파의 붉은색에는 안토시아닌성분이 풍부해 항산화 작용을 도와 노화를 방지하고, 신진대사를 원활하게 합니다.

Q 적양파를 보관할 때 좋은 방법은?

A 적양파는 일반 양파보다 저장성이 짧아 빨리 드시는 게 좋고 소량으로 사는 걸 권해드립니다. 잘게 썰어 미리 준비해 보관할 경우, 밀폐용기에 종이행주를 깔고 그 위에 담아 냉장보관을 해주는 게 좋습니다. 수분이 금방 생기기 때문에 종이행주로 수분을 흡수해 주면 무르는 속도를 늦출 수 있습니다.

적양파는 빛깔이 예쁘고 매운맛이 덜해 생으로 많이 먹는데 다른 채소류와 함께 먹으면 비타민B1의 흡수를 더욱 도와주어 궁합이 좋아요. 양파 대신 어떤 요리에서든 적양파를 넣어도 문제없어요.

| 적양파링 구이 |

양파링 구이는 기름에 튀기지 않기 때문에 저열량으로 부담이 없고 메인 재료인 양파를 충분히 섭취할 수 있어 건강한 메뉴예요. 양파링이라는 과자와는 전혀 상관없는 요리예요. 적양파는 색감 자체가 예뻐 일반 피클이나 장아찌로 활용해도 좋아요.

**재료&
만드는 방법**

적양파	1개	아몬드가루	1/2컵
빵가루	1/2컵	허브소금	약간
달걀	1개		

❶ 양파를 원형 그대로 1cm 두께로 슬라이스 해 준 후, 허브 소금을 뿌려 전자레인지에 3분간 돌려준다.

(전자레인지에 돌려 어느 정도 수분을 제거해야 바삭한 구이가 완성됩니다)

❷ 양파링은 아몬드가루 → 달걀물 → 빵가루 순으로 묻혀 준다.

❸ 기름을 두른 팬에 구워 준다.

(오븐에 구울 경우, 190도로 예열한 오븐에 10분간 구워주세요)

FoodRan's Tip
일반 양파를 활용해도 좋아요

참나물

4~6월 | 100g · 29kcal

베타카로틴이 풍부한 참나물은 특유의 향을 가지고 있는 산나물로 대표적인 알칼리성 식품이다. 잎이 부드럽고 소화가 잘되며 식이섬유가 많아 변비에도 좋다. 미나릿과의 여러해살이 식물로 생채나 샐러드 또는 생즙에 주로 활용된다. 칼륨, 비타민A, 아미노산, 철분, 베타카로틴, 식이섬유가 풍부하다.

주요효능 배가 차서 일어나는 복통, 설사 등을 치료.
고혈압예방 / 중풍예방 / 신경통예방 / 지혈작용 / 해열효과 / 빈혈예방 / 치매예방
(부작용) 열성 질환이 있는 경우엔 많은 양을 섭취하지 않는 것이 좋다.

싱싱 채소 구별법 줄기가 연둣빛으로 가늘고 연하며 무르지 않은 것. 잎은 초록빛을 띠고 모양이 힘있게 살아있는 것.

올바른 세척법 연한 채소이기 때문에 체에 담아 흐르는 물에 가볍게 씻어 준다.

똑똑한 보관법 종이행주에 감싸 위생봉투에 넣어 냉장 보관한다.

Q 참나물의 쓴맛을 잡아 맛있게 요리하는 방법은 없을까요?

A 샐러드로 드실 경우, 소금을 약간 넣은 물에 5~10분간 참나물을 담가 두었다가 세척 후에 사용하고, 나물무침으로 드실 경우, 소금을 넣은 끓는 물에 살짝 데친 후, 찬물에 5분간 담가 준 뒤에 무치면 좋습니다. 무칠 때 깨를 갈아서 넣으면 고소한 향으로 쓴맛을 감소시킬 수 있습니다.

Q 취나물과 많이 헷갈리는데 참나물과 취나물을 손쉽게 구별하는 방법은?

A 참나물은 취나물보다 잎이 작고 세 잎으로 갈라져 있습니다.

Q 참나물은 봄에만 나오나요?

A 보통 봄철에 여린 잎을 먹는데 꽃이 핀 후인 여름에 먹을 땐 쓴맛도 더 있고 잎과 줄기가 질겨져 생식 보다는 데쳐서 먹어야 합니다. 요즘은 사철재배의 기술로 참나물의 맛과 영양을 언제나 즐길 수 있습니다.

Q 참나물을 시금치나 다른 나물과 섞어서 무쳐도 되나요?

A 나물류는 섞어 무쳐도 괜찮습니다. 하지만 이왕이면 같은 잎채소가 아닌 콩나물이나 숙주와 같은 색감과 식감, 영양소를 서로 보완할 수 있는 재료를 섞으면 더욱 좋을 거 같습니다.

참나물의 향을 잘 느끼려면 맑은국에 넣어 깔끔하게 끓여 내거나 샐러드 채소로 활용해 오일 드레싱을 뿌려 먹는 게 좋아요. 너무 진하고 자극적이지 않게 요리해야 참나물의 매력을 느끼기에 좋답니다. 참나물의 쌉쌀한 맛은 짠맛보다는 단맛으로 중화시킬 수 있어요.

| 참나물 경단 |

참나물은 특유의 알싸한 맛이 있는데 경단으로 활용하면 떡처럼 고소하게 드실 수 있습니다. 한입에 쏙쏙 들어가는 쫀득한 리얼 영양식인 참나물 경단은 카스텔라 빵가루를 묻혀 부드럽고 달콤한 맛이 어우러집니다. 동글동글 모양을 만들고 카스텔라 가루를 묻히는 과정을 아이들과 함께하면 오감을 자극하는 체험 교육이 될 것입니다.

재료&
만드는 방법

참나물	한줌	참쌀가루	1컵
카스텔라가루	1봉	소금	약간
설탕	1큰술	꿀	3큰술

❶ 참나물을 곱게 다져 찹쌀가루, 소금, 설탕을 함께 넣어 익반죽한다.

(익반죽이란 따끈한 물로 반죽하는 것을 말하는데 지점토처럼 찰기가 생길 때까지 물을 조금씩 넣어가며 반죽해 줍니다)

❷ 동글동글 한입 크기로 모양을 잡은 후 끓는 물에 삶아 둥둥 떠오르면 건져내 찬물에 헹궈 준다.

(끓는 물에 삶으면 경단 크기가 조금 더 커져요)

❸ 꿀을 바른 후 카스텔라 가루와 깨를 굴려 묻혀 준다.

FoodRan's Tip

기호에 따라 녹차가루나 초콜릿가루에 버무려도 좋아요
아이들과 함께 만들면 오감 만족 키즈 쿠킹클래스 교육으로 활용할 수 있어요

취나물

3~5월 | 100g · 31kcal

취나물은 독특한 향취가 미각을 자극하는 대표적인 알칼리성 봄나물로서 산에서 채취하며 주로 영양밥 재료로 쓰인다. 비타민A, 아미노산, 칼륨, 칼슘, 단백질, 철분, 베타카로틴, 식이섬유가 풍부하다.

주요효능　노폐물을 없애고 기침, 가래를 멎게 한다.
춘곤증예방 / 염분배출 / 빈혈예방 / 성인병예방 / 원기회복 / 신진대사원활 / 변비예방
(부작용) 결석환자는 피하는 것이 좋다.

싱싱 채소 구별법　잎이 뻣뻣하지 않고 부드러우며 선명한 색을 띠는 것.

올바른 세척법　찬물에 담가 흔들어 씻은 후 체에 담아 흐르는 물에 다시 세척 한다. 말린 취나물은 따뜻한 물에 충분히 불린 후, 끓는 물에 잎과 줄기가 부드러워질 때까지 삶아 찬물에 헹궈 준다.

똑똑한 보관법　종이행주에 감싸 위생봉투에 넣어 냉장 보관한다. 장기 보관 시에는, 데쳐서 물기를 짠 후 주먹만 한 크기로 나누어 위생봉투에 담아 냉동 보관하거나 건조기나 햇빛에 바싹 말려 그늘진 곳에 보관한다.

 ## 무엇이든 물어보세요

Q 말려 먹을 때와 생으로 먹을 때, 차이점은 무엇인가요?

A 취나물뿐만 아니라 나물류는 생 보다 말렸을 때 수분이 빠지면서 영양성분이 더욱 풍부해지고 향도 더욱 진해집니다. 특히 햇볕에 말리면 비타민D의 성분이 활성화됩니다.

Q 나물 중에서도 취나물을 밥으로 해서 많이 먹는 이유는 뭔가요?

A 취나물은 알칼리성식품으로 탄수화물인 쌀의 성분과 잘 맞으며 서로 부족한 영양성분을 보완해 줍니다. 다른 나물류에 비해 향이 진하고 식감이 질긴 편이라 밥으로 해도 잘 물러지거나 향이 사라지지 않기 때문에 밥에 넣어 먹기에 좋습니다. 취나물의 향이 입맛을 돋우어 주기 때문에 입맛 없을 때 양념장에 비벼 드시면 별식이 됩니다.

Q 취나물 줄기 부분은 버리나요?

A 취나물 줄기도 모두 식용으로 사용할 수는 있습니다. 다만 너무 억센 줄기는 다듬어 드시는 게 좋습니다. 취나물은 줄기부터 잎까지 영양소가 풍부해 버릴 것이 없는데 생으로 먹을 경우, 억센 줄기나 잎은 다듬어주고 데칠 경우에는 부드러워질 때까지 충분히 삶아 줍니다.

Q 제사상에 취나물을 올려도 되나요?

A 보통 제사상에는 대표적인 삼색 나물인 고사리, 도라지, 시금치가 많이 사용되지만, 이외에도 취나물을 포함해 콩나물, 숙주나물, 호박, 가지, 미역, 파래 등 여러 나물도 사용할 수 있습니다. 취나물도 많이 사용됩니다.

취나물은 국이나 찌개 또는 무침으로도 많이 활용하는데 이때 들깨를 첨가하면 훨씬 풍미를 살리고 단백질과 불포화지방산까지 섭취할 수 있어 좋아요. 밥 지을 때 넣어도 식감이 좋답니다.

| 취나물 조개 리조또 |

취나물은 염분배출이 뛰어나 조개와 궁합이 좋아요. 감칠맛 나는 바지락조갯살을 넣어 별다른 간을 많이 하지 않아도 되는 요리입니다. 퓨전 스타일의 죽 요리라고 생각해도 좋을 거 같아요. 한 끼 영양식으로 체력보충 및 빈혈예방에 좋은 메뉴예요.

COOKING

재료 & 만드는 방법

취나물	한줌	불린현미	3/4컵
바지락조갯살	1/4컵	양파	1/6개
홍피망	1/4개	소금	약간
후추	약간	치킨스톡	2컵

❶ 취나물, 양파, 홍피망을 잘게 다져 준다.

❷ 기름을 두른 냄비에 조갯살, 현미를 볶다가 다진 재료를 함께 넣어 볶아 준다.

❸ 치킨스톡을 넣어 중간 세기보다 약한 불로 쌀알이 익을 때까지 일정한 방향으로 저어가며 끓인 후 소금, 후추로 마무리한다.

(잘 저어 주어야 바닥에 눌어붙지 않아요)

식이섬유가 풍부한 현미는 도정이 덜 된 상태로
일반 백미보단 단단하므로 40분 정도 충분히 불려주세요